中國軍隊

李發新 等 編著

與海上護航行動

前言

　　進入二十一世紀以來，隨著中國綜合國力的上升和軍事實力的提高，中國國防政策、軍事戰略以及軍力發展愈來愈成為世界矚目的熱點，海外出版了不少關於中國軍隊的書籍。遺憾的是，由於有些作者缺乏第一手準確資料，他們的著作中或多或少地存在一些值得商榷之處。

　　中國人民解放軍是一支什麼樣性質的軍隊？中國軍隊各軍兵種處於什麼樣的發展階段？中國軍隊的武器裝備達到什麼樣的發展水平？這些問題引起了國際社會高度關注和一些海內外媒體的廣泛熱議。有鑒於此，我們認為編寫一套生動、準確地介紹中國軍隊的叢書，無論對國內讀者還是國外讀者來說，都將是一件極有意義的事情。

　　本書試圖沿著中國軍隊的成長脈絡，關注其歷史、現狀及未來發展，通過大量鮮活事例的細節描述，從多個視角真實地展現人民解放軍的整體面貌。

　　在書籍的策劃和撰寫過程中，為確保權威性和準確性，我們邀請了解放軍有關職能部門、軍事院校、科研機構專家共同參與。與此同時，本書也得到了國防部新聞事務局的大力支持與指導。我們相信，上述軍方人士的積極參與，將使本作增色不少。

由於編者水平有限，在試圖反映中國人民解放軍這一宏大題材的過程中，難免存在一些疏漏和不足之處。在此，歡迎讀者給予批評和指正。

編 者

2012 年 8 月

目錄

附　錄・中國海軍護航檔案

參考文獻

導言

二〇一二年十二月二十六日,是中國派出海軍艦艇編隊赴亞丁灣、索馬里海域執行護航任務四週年紀念日。四年前的這一天,中國海軍首批護航編隊從海南三亞啟航,奔赴四千四百海里之外的亞丁灣執行護航任務,拉開了中國海軍交替輪換、常態化護航的帷幕。

從三亞到亞丁灣,對於中國海軍而言,是從近海維護國家利益到走向遠海維護世界和平的巨大變化——這是中國首次使用軍事力量赴海外維護國家戰略利益,是中國軍隊首次組織海上軍事力量赴海外履行國際人道主義義務,也是中國海軍首次在遠海保護重要運輸線安全。

二〇〇八年十二月二十六日,中國政府應索馬里過渡聯邦政府請求,根據聯合國安理會有關決議並參照有關國家的做法,派遣海軍艦艇編隊赴亞丁灣、索馬里海域實施護航。其主要任務是保護航經該海域的中國船舶、人員安全,保護世界糧食計劃署等國際組織運送人道主義物資船舶的安全,積極為外國商船提供人道主義救助。

　　護航四年來，中國海軍護航官兵用忠誠、勇敢和智慧，為保護中國遠海重要運輸線安全和維護世界和平寫下了濃墨重彩的絢麗華章。中國海軍護航行動，不僅在遠海有效維護了國家利益，為中國船舶提供了有力保護，同時也為其他國家和地區的商船提供了可靠的安全保障，充分展示了中國負責任大國形象和中國軍隊和平、文明、威武之師的良好形象，受到了國際社會的廣泛讚譽。

　　從二〇〇八年十二月至二〇一二年十二月的四年時間裡，中國海軍先後向亞丁灣、索馬里海域派出了十三批護航編隊，共計三十四艘次艦艇、二十八架直升機、一萬多名官兵，圓滿完成五百多批、五千餘艘中外商船的伴隨護航任務，其中外國船舶約占百分之五十，成功接護、解救、救助、武力登船營救六十餘艘船舶，成功為四艘世界糧食計劃署運糧船護航，百分之百保證了被護船舶和人員的安全。

　　在護航模式上，中國海軍護航編隊著眼便捷高效，由最初的臨時性編組護航調整為有計劃的週期性編組護航，大大簡化了護航程序，擴大了護航受益面。

　　在護航方式上，中國海軍護航編隊著眼精兵活用，在伴隨護航、區域護航、隨船護衛的基礎上，又擴展了接力護航、應召護航等多種方式，有效提高了護航兵力利用率。

　　在護航區域上，中國海軍護航編隊著眼安全可靠，根據海區氣象和海

盜活動變化，不斷研究海盜活動的特點規律，及時將護航航線向亞丁灣東西兩端延伸，向索馬里東部海域拓展，擴大了護航區域。

在護航保障上，中國海軍護航編隊著眼有力可靠，採取自我保障和靠泊補給相結合的方式，建立了出海攜行、海上補給、靠泊補充、前送捎帶的綜合保障模式。

在護航交流與合作上，中國海軍護航編隊以開放、合作、和諧為基本理念，積極開展與外軍護航艦艇的交流與合作，相繼與美國一五一特混編隊、歐盟海軍四六五特混編隊、俄羅斯海軍護航編隊、北約海軍五〇八特混編隊、韓國護航艦艇等開展了信息交流和登艦互訪，同時還進行了中俄聯合護航、中俄聯合軍演、中荷青年軍官駐艦交流、中美聯合軍演等合作。

在護航官兵生活上，中國海軍護航編隊堅持邊摸索、邊總結，克服種種困難，不斷改善條件，豐富活躍官兵生活，逐步創立了「海上為家、陸上做客」的護航生活模式。

目前，中國海軍有序接替、常態化運行的的護航行動仍在進行之中。中國海軍將繼續加強與各國護航艦艇的交流與合作，保護中國海上重要運輸線安全，同時積極向航經該海域的外國船舶提供必要的人道主義救援，一如既往地履行好負責任大國的國際義務。

編者

2012 年 12 月

第一章 中國海軍護航的由來

▲ 二〇〇八年十二月二十六日，中國海軍首批護航編隊解纜出征。

二〇〇八年十二月二十六日，世界和中國主要新聞媒體的目光都聚焦在同一個地方：中國海南省三亞市某軍港。中國海軍第一批護航編隊，將從這裡啟航，奔赴亞丁灣、索馬里海域執行護航任務。

　　冬日的三亞，陽光明媚，暖意融融；長長的碼頭，彩旗飄揚，軍樂激昂。軍港內所有戰艦懸掛著代滿旗，岸上的人們盛裝列隊。在三艘即將出征的現代化戰艦上，護航官兵們身著潔白筆挺的海軍服，以海軍特有的最隆重的儀式──站坡，在甲板上分區列隊，顯得格外精神抖擻、鬥志昂揚。

　　中央軍委委員、海軍司令員吳勝利，海軍政治委員劉曉江等海軍首長和國家外交部、交通運輸部等領導，專程前來為護航將士送行。隆重的啟航儀式，將寬闊的軍港掀起一陣又一陣熱烈的氣浪。

　　「編隊起航──」，隨著編隊指揮員的一聲令下，軍樂隊奏響《人民海軍向前進》的雄壯旋律，威武的戰艦緩緩駛離碼頭，翻滾的浪花劃出一條條悠長的弧線⋯⋯

　　歷史將永遠記住那一刻：二○○八年十二月二十六日十三時四十五分。

猖獗的索馬里海盜

索馬里位於非洲大陸最東部的索馬里半島上，西與肯尼亞、埃塞俄比亞接壤，西北與吉布提交界，北臨亞丁灣，東瀕印度洋，海岸線長三千二百公里，是非洲海岸線長度第二的國家（僅次於島國馬達加斯加），漁業資源豐富。它處於亞洲和非洲的交界地，是亞、非、歐三大洲同太平洋、大西洋、印度洋三大洋的交通要沖，地理位置具有十分重要的戰略意義。

索馬里海盜最早可追溯至十八世紀初，蘇伊士運河開通後海上貿易劇增使「海盜業」誕生。二十世紀九〇年代以前，與其他沿海國家一樣，在索馬里沿岸也出現了一些海盜襲擊和武裝劫船案例，但並沒有造成很大影響。

一九九一年以來，由於內戰爆發，索馬里一直處於軍閥武裝割據、國家四分五裂、內戰不斷的無政府狀態，至今已二十餘年。

持續戰亂和無政府狀態導致民生凋敝，數十萬索馬里人死於戰亂。許多索馬里人從小就習慣沒有國家、沒有法制、沒有食物、沒有教育的生存狀態，他們的記憶裡只有飢餓、戰亂、難民、入侵和災難。在許多索馬里人的心中，昨天是黑暗的，充滿飢餓、恐懼與失去親人的痛苦；明天是空洞的，沒有希望和目標；顧得上的只有今天。

在這種情況下，「海盜業」興盛起來，成了一些索馬里人謀生的唯一手段，失業的漁民和海員成了海盜組織的骨幹，海盜團夥成了很多索馬里人的依靠。

二十世紀九〇年代中期，一些索馬里武裝團夥宣稱他們擁有索馬里海

岸警衛隊的授權，扣留進入索馬里領海非法捕魚的漁船並索取贖金。二〇〇〇年後，這些武裝團夥攻擊的目標擴大至接近或進入索馬里領海所有船舶。

二〇〇五年以來，索馬里海盜活動愈發猖獗，襲擊事件大幅增多，作案海域不斷擴展，行動更加詭秘迅速，手段更趨多樣成熟。

國際海事局《2008 年渡海盜事件報告》數據顯示，二〇〇八年，索馬里海盜共發動了一百一十一起襲擊，平均每三天就有一艘船舶被襲擊，是二〇〇七年襲擊數量（五十一起）的二倍多、二〇〇六年襲擊數量（二十二起）的五倍多。

據不完全統計，二〇〇八年時索馬里海盜已有二十五至三十個團夥，

▲ 猖獗的索馬里海盜

比五年前的規模擴大了十多倍，海盜人數也相應從一百餘人發展到一千多人。

此外，海盜的裝備也得到了更新，已不再使用繩索、大刀和長矛等傳統手段，快艇、M-16 步槍、AK-47 步槍、機槍、槍榴彈、火箭筒、肩扛式導彈，以及 GPS 導航定位和衛星通信等高科技手段在劫持活動中得到了充分的應用，使攻擊範圍從索馬里沿岸擴展到一千多海里之外的公海，使劫持活動變得更加得心應手。

亞丁灣是連接亞、非、歐三大洲的海上咽喉，被稱作世界航運的生命線。每年約有一百個國家和地區的近二萬船舶、世界百分之十四的海運貿易和百分之三十的石油運輸、全球近百分之三十的集裝箱輪和近百分之五十的散裝貨輪要過往此地。

由於索馬里過渡聯邦政府軍事力量薄弱，即使在陸上也無法控制局勢，更不用說控制海上局勢了。而在索馬里周邊海域的國際合作困難重重，海上安全機制尚未建立。種種因素使得索馬里周邊海域成為了「海盜天堂」。西方媒體將這片區域稱為「遊蕩著幽靈的海域」，「黃金航道」也變成了令人望而生畏的「魔鬼百慕大」。

海盜戰術詭異，他們利用漁船或者被劫船舶當母船，瞞天過海，識別困難。海盜利用先進通訊手段加強溝通指揮，交換目標船舶信息，組織協同配合。一旦鎖定目標，立即釋放小艇，高速接近目標，先橫穿商船船頭，向上層和駕駛臺開火，迫使商船減速停車，然後搭梯登船，武力控制船員。海盜包圍、攻擊、登船、控船的全過程行動十分迅速，通常在十五至三十分鐘內完成。

劫持得逞後，海盜挾持船員將船舶駛往索馬里沿岸的海盜基地。與此

▲ 亞丁灣海域多艘疑似海盜船隻襲擾商船

同時，海盜組織安排中介與船東或船舶公司談判。索馬里海盜索要贖金數額呈猛漲趨勢，二〇〇五年海盜劫持船舶的平均贖金數額為十五萬美元，二〇〇八年已經大幅度增加到二百萬美元。

　　索馬里海盜活動不僅對船舶和船員安全、全球海運經濟造成嚴重影響，而且對該區域的國際和平與安全構成了嚴重威脅。

　　二〇〇八年五月，倫敦勞埃德保險公司把亞丁灣列為戰爭險類別，每次經過該海灣的船舶需支付額外的一至二萬美元的保險費，贖金範圍在五十萬到二百萬美金之間，船東可以支付贖金，保險公司事後返還。

　　如果來往於歐亞之間的船舶為躲開亞丁灣海盜而不走蘇伊士運河，就不得不從非洲最南端的好望角繞行。那樣，從歐洲大西洋沿岸各國到印度洋的航程將增加五千五百至八千公里，從地中海各國到印度洋的航程將增加八千至一萬公里，對黑海沿岸來說，航程更將猛增約一點二萬公里。航線改變意味著油輪送貨時間延長十二至十五天，而油輪在海上多待一天，

成本將增加二萬至三萬美元。

此外，索馬里海盜對國際人道主義援助物資的運送構成嚴重威脅。二〇〇九年四月，海盜劫掠了「馬士基阿拉巴馬」號，襲擊了「自由太陽」號，它們都是同世界糧食署鑑定協議向索馬里東南沿海運送美國救援食物的美國船舶。「馬士基阿拉巴馬」號曾經向吉布提港口運輸食物，而它被索馬里海盜劫掠之時正在為肯尼亞的蒙巴薩港口運輸物品。

除了對航運路線安全造成的威脅之外，海盜活動還嚴重破壞了地區性漁業。一些報告稱，在印度洋的金槍魚捕撈量在二〇〇八年降低了百分之三十，部分原因是漁船害怕海盜劫掠。這對某些國家影響極大，如塞舌爾，因為該國百分之四十的收入依靠漁業。

海盜事件還間接影響了非洲地區海運和貿易的成本、方式和收益。蘇

伊士運河承擔連接地中海和
紅海之間重要航道服務，從
這些航經的船舶上收稅是埃
及政府的重要收入資源。運
河當局稱航運和稅收都急遽
降低，其原因是衰退的經濟
活動和海盜對亞丁灣的威
脅。

雖然聯合國安理會第七
三三號決議對索馬里實行長

11 月 15 日 日本貨輪遭劫持

11 月 10 日 菲律賓貨船被劫持

10 月 31 日 土耳其貨船被遭劫持

11 月 13 日 中國漁船「天裕 8 號」在肯尼亞東部拉穆島附近海域被劫持。該船載重量 570 噸，漁船上有船員 25 人，其中有 17 名中國人，16 人來自中國大陸，1 人來自臺灣。中國船隻被脅迫開往索馬里海域。

11 月 15 日 沙特阿拉伯油輪在肯尼亞蒙巴薩港東南 830 公里處海面遭劫持。

期的武器禁運，但武器走私是國際社會最為擔心的問題。利用收到的贖金，海盜可能進行走私、販運毒品、武器交易和偷渡等活動，使海盜活動的利益得到最大化。

索馬里海域猖獗的海盜活動，也讓中國深受其害。隨著中國經濟的迅猛發展，對海外市場、能源資源和海上戰略通道的依賴不斷加深，中國進出口貿易總額已占國民生產總值的百分之六十以上，其中百分之九十依靠海上運輸，海上運輸線已成為中國經濟發展的生命線。

二〇〇八年一月至十一月，中國共有一二六五艘次商船通過該航線，平均每天三至四艘次，其中百分之二十受到了海盜襲擊。在二〇〇七年至二〇〇八年的兩年時間中，臺灣「慶豐華 168」號、天津「天裕 8」號漁船等五艘遠洋商船被索馬里海盜劫持。

▲ 被索馬里海盜劫持的中國漁船「天裕8號」船員在海盜的看守下圍坐在船頭

▌來自國際社會的反應

　　索馬里海盜問題危機在海上、根源在陸上，海盜問題只是索馬里國內陸上諸多矛盾在海上的集中外在表現。儘管聯合國等國際社會作了大量努力，但由於索馬里問題錯綜複雜，索馬里國內局勢一直沒有好轉跡象，索馬里海盜依然構成嚴重威脅。

　　二〇〇七年至二〇一一年，索馬里海盜作案海域已經從距索馬里沿岸二百海里延伸至一千七百五十海里，覆蓋紅海南部、亞丁灣以及包括阿拉伯海和塞舌爾在內的印度洋大部分海域，海域面積將近四百萬平方公里，相當於歐洲大陸面積的一點五倍。

▲ 儘管國際社會不斷加大對海上船隻的保護力度，但臭名昭著的索馬里海盜依然猖獗。

針對索馬里海盜的發展形勢，從二○○八年六月至二○一二年十二月，聯合國安理會先後七次出臺決議，五次將授權期限延長十二個月，呼籲各國繼續打擊索馬里海盜。

面對日益猖獗的索馬里海盜，二○○八年六月二日，聯合國安理會根據《國際海洋法公約》和《聯合國憲章》的相關規定，通過聯合國在亞丁灣、索馬里海域反海盜的第一個決議——第一八一六號決議，授權各國根據《聯合國憲章》第七章採取行動，要求有能力向該區域派遣海軍力量的會員國與過渡聯邦政府合作，阻遏索馬里海盜和海上武裝搶劫行為，授權有效期為六個月。

二○○八年十月七日和十二月十六日，聯合國安理會分別通過第一八三八號決議、第一八四六號決議，將第一八一六號決議規定的授權期限延長十二個月。二○○八年十二月十六日，聯合國安理會通過第一八五一號決議，擴大了行動權限，應索馬里過渡聯邦政府請求的國家「可以在索馬里境內採取一切必要的適當措施，鎮壓海盜行為和海上武裝搶劫行為」。

聯合國安理會上述四個決議發佈後，國際社會給予了積極響應，北約、歐盟、俄羅斯等組織和國家紛紛派出軍艦前往亞丁灣、索馬里海域護航。

二○○八年九月二十三日，俄羅斯海軍總司令維索茨基上將宣佈，俄羅斯決定出動軍艦前往索馬里海域，以打擊在非洲沿岸劫掠船隻的海盜。十月二十一日，俄羅斯驅逐艦「無畏」號通過蘇伊士運河駛往索馬里海域巡邏護航。

九月二十九日，美國海軍向索馬里附近海域增派多艘軍艦，並與俄羅斯等國的軍艦一起包圍了遭海盜劫持的烏克蘭軍火船。

▲ 法國海軍突擊隊員於二○○九年一月二十七日在亞丁灣海域抓獲九名索馬里海盜

　　十月十七日，印度國防部宣佈，將派遣一艘大型軍艦前往索馬里附近海域巡邏。

　　十月二十四日，北約派遣三艘分別來自英國、意大利和希臘的軍艦，前往索馬里海域執行保護世界糧食計劃署運糧船的任務。

　　十二月八日，歐盟正式啟動代號為「阿塔蘭塔」的反海盜軍事行動。歐盟向索馬里海域派遣了六艘軍艦和三架海上偵察機，一方面保證世界糧食計劃署運糧船以及其他商船的安全，另一方面在該海域預防和打擊海盜及其他武裝搶劫活動。

　　十二月二十日，伊朗派遣了一艘軍艦在亞丁灣進行巡邏，以保護過往的伊朗船隻免遭海盜劫持。

▲ 中國海軍首批護航編隊「全家福」，依次為「武漢」艦、「海口」艦、「微山湖」艦及艦
載直升機。

中國海軍出征

　　「天下大亂，無有安國；一國盡亂，無有安家；一家皆亂，無有安
身。」早在兩千年前，中國智者就發出如此精闢高論。在經濟全球化的今
天，地球已變為一個「村」，人與人、國與國之間的聯繫更加緊密，索馬
里海盜活動猖獗，誰都難以「獨善其身」。

　　在聯合國決議發佈後，中國是否應該派出海軍艦艇保護亞丁灣的航運
安全，引起了國內專家、學者和廣大民眾的熱議。尤其是在中國漁船和貨

船頻頻遭劫、其他國家紛紛派出海軍護航的情況下，舉國上下熱切期盼中國海軍出兵亞丁灣！

　　事實上，在中國出兵索馬里之前，索馬里駐華大使阿威爾就多次在不同場合表示：「索馬里政府歡迎中國海軍出現在索馬里海域，維護海上和平。不管局勢如何發展，在任何時間和任何地點，索馬里始終歡迎中國海軍。」

　　二〇〇八年十二月十七日，索馬里過渡議會議長謝赫阿丹・馬多貝表示，歡迎中國政府向索馬里附近海域派遣軍艦參加護航活動，「作為索馬里人民的朋友和海盜事件的受害者」，中國應當在打擊索馬里海盜的問題上發揮重要作用。之後，索馬里政府正式邀請中國政府派兵前往索馬里海域，以打擊海盜活動。

　　二〇〇八年十二月二十日，也就是在索馬里政府正式發起邀請三天後，中國外交部新聞發言人劉建超向全世界鄭重宣告：根據聯合國安理會

▲ 中國海軍護航編隊航線示意圖

有關決議並參照有關國家做法，中國政府決定派遣海軍艦艇前往亞丁灣、索馬里海域執行護航任務。

十二月二十三日，中國國防部舉行了專題新聞發佈會，國防部新聞事務局副局長黃雪平大校會同海軍副參謀長肖新年海軍少將，總參謀部作戰部海軍作戰局局長馬魯平海軍大校，介紹了人民海軍赴亞丁灣、索馬里海域執行護航任務有關情況，並回答了記者提問。

三天後，也就是十二月二十六日，中國第一批海軍艦艇編隊從海南三亞啟航，開啟了遠征亞丁灣長達數年的漫長航程，成為繼印度、伊朗之後的第三支在亞丁灣開展護航行動的亞洲國家海軍力量。

中國海軍首批護航編隊由導彈驅逐艦「武漢」艦、導彈驅逐艦「海口」艦和綜合補給艦「微山湖」艦組成，攜帶有兩架艦載直升機和特戰分隊，共八百餘名官兵，編隊指揮員是南海艦隊參謀長杜景臣少將。

杜將軍戎馬生涯，歷任戰士、艦長、支隊長、基地司令員，大半輩子生活在軍艦上，海上實踐經驗豐富，多次率領海上艦艇編隊執行重大任務。但此次海軍艦艇編隊赴亞丁灣、索馬里海域執行護航任務，既是新中國成立以來首次使用軍事力量赴海外維護國家戰略利益，也是中國軍隊首次組織海上作戰力量赴海外履行國際人道主義義務，將軍深感使命光榮、責任重大。能夠親自率領人民海軍艦艇編隊，為維護國家利益而戰，為捍衛世界和平而戰，時年已經五十六歲的將軍感到格外興奮和激動。

將軍率領的中國海軍第一批護航編隊將經過南中國海，穿過馬六甲海峽，跨越印度洋，抵達亞丁灣海區，總航程四千四百多海里。

了解中國歷史的人們很快就發現，這條航線，與近六百年前中國航海家鄭和率船隊赴非洲進行友好商貿活動的「海上絲綢之路」幾乎完全重

▲ 中國海軍首批護航編隊在亞丁灣為中國商船護航

合。

實際上，在編隊啟航的前幾天，中國海軍開赴亞丁灣遠海護航的消息，已經引起了國際主流媒體的高度關注和廣泛議論。

法國《費加羅報》報導說，「中國軍艦前往亞丁灣遠洋護航，讓人很容易想起十五世紀初中國明朝鄭和七下西洋的偉大壯舉。」

英國《泰晤士報》指出，「這是五百多年以來中國海軍首次駛出領海保護國家利益，是中國政策一次重大、歷史性突破！」「這是世界海軍史上的新紀元！」

美聯社指出，「參與護航任務使中國能夠以一種不會威脅到其他國家的方式來發揮其海軍力量的作用。同時表明，中國願意並且有能力保護自

己在海外的經濟利益。」

英國《衛報》文章寫道，「大多數國家希望看到中國在打擊海盜方面發揮作用。」

英國《金融時報》載文稱，「中國海軍赴亞丁灣執行反海盜任務，是十五世紀以來海軍首次遠征，具有劃時代意義。」

在人類航海史上，鄭和下西洋的故事無疑是一篇不能遺漏的絢麗華章。

鄭和，字三寶，中國明朝航海家。鄭和出生於一個回族穆斯林家庭，十二歲進入明朝燕王朱棣府上當太監，社會地位低下。但他天資聰穎，在朱棣奪取皇位的過程中立下戰功。朱棣登基後，敕封鄭和為三保太監。

一四〇五年，明朝永樂帝朱棣作出派遣鄭和下西洋的決策，鄭和奉旨率船隊七下西洋，航線從西太平洋穿越印度洋，到達西亞和非洲東岸，遍及亞非三十多個國家和地區。直到一四三三年第七次下西洋返回時，鄭和

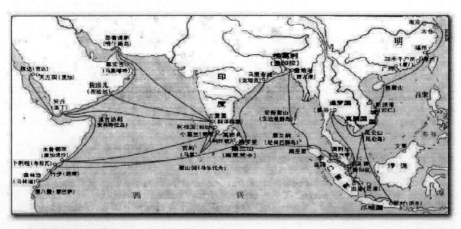

▲ 鄭和船隊遠航示意圖

在印度西海岸古里因病去世，這場歷時整整二十八年、聲勢浩大的偉大航海活動宣告結束。

「鄭和下西洋」標誌著中國古代的海洋事業達到了鼎盛，造船技術和航海能力發展到古代社會的巔峰，在世界航海史上寫下了光輝燦爛的一頁。據記載，鄭和船隊最大規模時包括二百四十多艘海船、二萬七千四百多名船員。對於當時的世界各國來說，鄭和所率領的艦隊，從規模到實力，都是無可比擬的。英國前海軍軍官、海洋歷史學家孟席斯在《1421年中國發現世界》一書中甚至認為，鄭和船隊先於哥倫布發現美洲大陸、大洋洲等地。他的航行比哥倫布發現美洲大陸早八十七年，比達‧伽馬早九十二年，比麥哲倫早一百一十四年。在世界航海史上，他開闢了貫通太

▲ 矗立在也門亞丁港的鄭和船隊遠航紀念碑

平洋西部與印度洋等大洋的直達航線。

如今，在也門亞丁港的入口處，豎立著一塊紀念鄭和船隊遠航的紀念碑，船形的碑身上刻著中文和阿拉伯文的碑銘：「中國明代偉大的航海家鄭和曾率船隊於一四〇五年至一四三三年間七次下西洋。據史料記載，鄭和船隊曾於一四一三年至一四三二年間先後五次訪問也門阿丹（今稱亞丁）。特此立碑，以茲紀念。」

讓很多西方歷史學家感到有趣的是，與西方航海探險活動完全不同，鄭和下西洋的主要目的不是為了海外殖民，而是為了宣揚明朝的強大國威，發展友好商貿。熟悉中國歷史、通曉中國哲學的人們都知道，講信修睦、協和萬邦、親仁善鄰，這是中華民族自古崇尚的和平思想。

歷史往往與巧合結緣。鄭和也許不會想到，六百年後，中國海軍護航編隊的將士們，同樣沿著這條航線，挺進亞丁灣，成為中國海軍在國際海域和平運用兵力、展示負責任大國形象的開路先鋒。

這也就難怪西方很多媒體把中國海軍出兵亞丁灣的行動比作「鄭和艦隊剿海盜」。

如果說，當年鄭和奉皇帝的旨意下西洋，傳播的是友誼與仁愛；而今，中國海軍響應聯合國的號召遠征亞丁灣，帶去的則是和平與安寧——保護中國航經亞丁灣、索馬里海域船舶和人員安全，保護世界糧食計劃署等國際組織運送人道主義物資船舶的安全。

第二章

中國海軍護航編隊在行動

自二〇〇九年一月開展護航以來，中國海軍護航編隊靈活採取護航方式，科學組織兵力行動，果斷處置突發事件，始終堅持以被護船舶和人員安全為首要，因時因地因敵用兵，及時解救遇襲船舶，安全接護被釋船舶，成功營救被劫船舶，積極開展國際人道主義救援，有效達成了護航目的。

解救遇襲船舶

「This is Chinese escort task force, please contact me on CH 16 if you need any assistance. 我是中國海軍護航編隊，如需幫助，請在 16 頻道呼叫我。」
這條以漢英兩種語言播發的通告，已經連續四年每天在亞丁灣、索馬里海

▲ 中國海軍首批護航編隊「海口」艦在亞丁灣為中國商船護航

域迴響。

在普通人看來，這種通告可能顯得有點簡單甚至單調，更何況連播四年，每天都一樣；然而，對於航經亞丁灣索馬里海域的商船而言，他們卻覺得特別熟悉而親切。因為，聽到這種聲音，就表明中國軍艦就在他們附近，他們是安全的。

二〇〇九年一月二十九日九時三十分，中國海軍首批護航編隊「武漢」艦從甚高頻上收到緊急呼救聲：「我船正遭到多艘海盜快艇追擊，請求緊急救援！」

經查證，求救信號是在距「武漢」艦二十四海里處的希臘商船「ELENI G」號發出的。

通常，從襲擊開始到海盜登船控制商船，時間不超過三十分鐘。海盜追擊商船，情況非常危急！

編隊指揮員杜景臣少將立即下令，派直升機載特戰隊員前往救援。同時，軍艦進入一級戰鬥部署，並快速向希臘商船駛近。

九時五十八分，直升機飛臨商船上空。「ELENIG」號商船報告：三艘海盜小艇正在追趕它，其中一艘有四人、一艘有五人，最近一艘距該船隻有一海里。

直升機下降高度，並在商船周圍盤旋。編隊指揮員杜景臣立即下令發射警示信號彈。三枚信號彈在空中炸響，所有快艇見狀隨即停止了抵近，並掉頭快速逃離現場。

十時三十五分，「武漢」艦駕駛室傳來「ELENIG」號船長的聲音：「我們現已安全。感謝中國海軍！感謝你們的直升機和軍艦！」

希臘商船「ELENIG」號是中國海軍護航編隊成功解救的第一艘遇襲

▲ 海軍第五批護航編隊官兵查證可疑小艇

船舶。此後，解救遇襲船舶行動不斷在亞丁灣、索馬里海域反覆上演，成為中國海軍每批護航編隊必須經歷的常態化行動。

二〇〇九年八月六日下午，中國海軍第三批護航編隊指揮所內氣氛緊張，剛駛離海軍護航區域不久的中國「振華25」號貨船，在曼德海峽發現三艘疑似海盜快艇在商船周圍游弋，遂緊急向中國海軍護航編隊求救。

十五時五十五分，「振華25」號再次報告：「兩條小船從右前方斜插朝北機動，還有一條距離船艉兩海里。」

情況危機，艦艇全速前出恐怕為時已晚，必須立即派出直升機前往解救！

此時，編隊碰上了一個難題：直升機位於「舟山」艦上，距離事發海

▲ 「武漢」艦高速小艇進行巡邏

域好幾十海里，按照直升機續航能力計算，根本搆不著。而距離商船最近的「千島湖」艦又沒有攜帶直升機！

編隊指揮員王志國少將果斷決策，採用「蛙跳」戰術：「『舟山』艦全速向事發海域航行，直升機搭載特戰隊員迅速前往救援。直升機中途短暫停留「千島湖」艦加油，接力補給後繼續前往事發海域執行任務。」

十六時十八分，「舟山」艦飛行甲板上鐵翼飛旋、馬達轟鳴，直升機搭載特戰隊員，攜帶機槍、信號槍等裝備迅速升空。

十七時五十二分，直升機報告：「目視已看到『振華25』號，附近圍繞跟隨的小艇已增至八艘，每艇上有五六人，其中幾艘正高速向『振華25』號靠近。」

指揮員下令：「警示射擊！」

「嘭、嘭、嘭⋯⋯」特戰隊員連發九枚爆震彈、三枚信號彈。海盜船隻見勢不妙，立即調轉船頭快速逃離，十餘分鐘後消失在茫茫大海中，險情成功化解。

「Mayday，Mayday⋯⋯」二〇一一年六月六日，中國海軍「溫州」艦甚高頻電話中突然傳來巴基斯坦貨船「海德拉巴」號船長焦急的求救聲，「發現一艘海盜小船，距離一點五海里，能看到武器和梯子。」

此時，「海德拉巴」號商船距離我編隊後方二十五海里。海軍第八批護航編隊指揮員韓小虎大校果斷下令：「直升機起飛警示驅離，『溫州』艦前出接應『海德拉巴』，吊放艦載小艇為商船編隊護航。」

二十分鐘後，直升機飛臨商船上空。在強大武力震懾下，海盜船悻悻離去⋯⋯

▲ 艦機協同護航

　　一次次兵不血刃地化解危機，商船一次次免遭海盜劫掠。安全、高效、負責的護航行動，使中國海軍成為亞丁灣上可信賴的「保護傘」，越來越多中外商船甚至寧可耽誤船期承受經濟損失，也要選擇具有良好安全信任度的中國海軍護航編隊。

　　二〇一〇年八月三日，中國外運長航集團的「白鷺洲」號商船為等待加入中國海軍編隊，在亞丁灣西部 B 點附近整整等待了四天半。按照國際航運行情，該船每天租金至少在二萬美元以上，折算損失近十萬美元。

　　二〇一〇年九月十七日，參加中國海軍護航編隊第二四五批東行護航的商船正在 B 點集結組隊。當時，挪威籍化學品船「Synnove Knutsen」已經獨立航行駛過 B 點九十海里。為確保安全，船東公司要求船長重新折回 B 點參加中國海軍護航編隊。

▲ 「舟山」艦派出的艦載快艇接近「振華14」號商船，準備實施隨船護衛。

　　希臘「克里莎」號散貨船是中國海軍護航船舶中的常客，幾乎每次經過亞丁灣，都力求參加中國海軍護航編隊。二〇一〇年九月二十六日，希臘「克里莎」號船期與中國海軍護航班期相差五天。船東公司與船員都很矛盾，如果參加中國海軍護航，需在紅海漂泊等待五天，耽擱船期造成約十萬美元損失；如果選擇其他方式，可能存在安全隱患。出於安全考慮，二十二名船員聯名要求參加中國海軍護航，「克里莎」號最後還是選擇了參加中國海軍護航編隊。

　　截至二〇一二年八月九日，中國海軍護航編隊共完成四八二批四七五八艘中外船舶的護航任務，其中二三一五艘為外國船舶，約占護航船舶總數的 48.6%；解救被海盜追擊船舶四十一艘，外國船舶占 50%；四次成功為世界糧食計劃署運糧船護航，確保了被護船舶百分之百的安全。

▌接護被釋船舶

通常，在船東公司支付贖金後，海盜會釋放被劫船舶。由於索馬里海盜團夥眾多，派別林立，被劫船舶在交付贖金獲釋後，仍然可能被另一批海盜二次劫持。二○一一年六月十三日，埃及商船「蘇伊士運河」號遭索馬里海盜綁架十個多月、交付贖金後獲釋，十五日再遭另一批海盜襲擊。所幸，經過約四十分鐘的反擊，船員們最終擊退海盜，沒有造成船員傷亡。因此，為防止二次劫持，船東公司請求中國海軍護航編隊出動軍艦前出接護被釋商船，這種行動稱為「接護行動」。

二○○九年四月六日，臺灣「穩發 161」號漁船遭索馬里海盜劫持，

▲ 「廣州」艦頂著三米多的湧浪，從商船「台塑6號」上接回隨船護衛的特戰隊員。

船上有船員三十人，其中包括二名臺灣船員，五名中國大陸、六名印度尼西亞與十七名菲律賓船員。

二〇一〇年二月，被索馬里海盜扣押十個多月的「穩發161」號漁船即將獲釋。臺灣穩發漁業公司正式向中國大陸船東協會申請中國海軍接護「穩發161」號漁船。

在接到求援信息後，中國大陸船東協會第一時間與中國海上搜救中心、中國海軍取得聯繫，並協調了整個救援護航過程。

海盜離開不到半個小時，中國海軍第四批護航編隊「溫州」艦就與「穩發161」號漁船會合。

經過十個月的長期扣押，船上包括鞋子在內的所有物品被海盜洗劫一空，所剩柴油僅夠用三天，三十名船員身體虛弱。

船長顏勝男回憶：「我們請求提供柴油、食品等援助，大陸軍艦立即派出小艇，分六艘次給我們運來蔬菜、水果、豬肉和雞肉等主副食品。他們想得很周到，還對船員進行了健康檢查和心理輔導。此外，大陸軍艦還派來六位工程技師幫助檢修船上設備。」

之後，「溫州」艦用了九天九夜的時間將「穩發161」號漁船安全護送到千里之外的斯里蘭卡外海。三月四日，「穩發161」號漁船平安抵達臺灣高雄港。

如今，在中國船東協會的會議室裡，擺放著兩尊繪有臺灣「穩發161」號漁船圖案的水晶獎座，圖案下方分別寫著「手足情誼、兄弟道義」和「解我急難、帷幄多籌」，落款是「臺灣穩發漁業公司總經理謝龍隱」。

「這是穩發公司所有員工向大陸方面護航義舉表達的衷心謝意。」謝龍隱說。二〇一〇年三月十八日，臺灣穩發漁業公司總經理謝龍隱與「穩

▲ 護航編隊直升機懸停被護商船

發 161」號漁船船長顏勝男等人一起來到中國船東協會，當面感謝該協會協調大陸艦艇對「穩發 161」號漁船提供接護。

「沒有中國海軍、大陸船東協會、中國海上搜救中心等部門的鼎力幫助，『穩發 161』號漁船不可能這麼順利地回到臺灣！」船長顏勝男激動地說，「這樣令人終生難忘的義舉只有當面致謝才可以表達心意。」

無獨有偶，二〇一二年七月上旬，正在前往亞丁灣、索馬里海域的中國海軍第十二批護航編隊「常州」艦成功接護了被海盜劫持長達五百七十多天的臺灣「旭富一號」漁船，並安全護送至坦桑尼亞達累斯薩拉姆港。

二〇一二年七月十七日，「常州」艦經過連續八晝夜大風浪高速航行，按計劃前出至索馬里附近某海域待機。「常州」艦駕駛室裡，各戰位

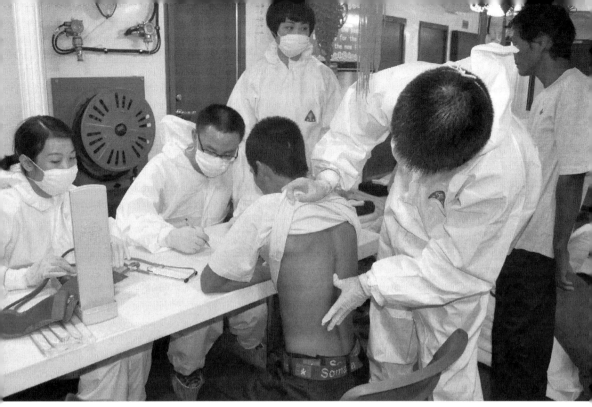

▲ 第一時間組織醫務人員給獲救船員進行體檢第一時間組織醫務人員給獲救船員進行體檢

嚴陣以待，值更人員目不轉睛地盯著雷達顯示屏和各種目力觀測儀。所有人的心都懸著，早一分鐘發現獲救船員，船員們就能早一分鐘脫離險境。然而幾個小時過去了，雷達屏幕上依然看不到獲釋船員的「影子」。

「中國海軍呼叫『旭富一號』船員。」「中國海軍呼叫『旭富一號』船員。」「常州」艦不停地通過甚高頻呼叫著，可是甚高頻始終沒有應答。時間一分一秒地過去，現場指揮員王明勇大校決定，派出小艇前出搜索獲救船員。

此時，海面風浪越來越大，兩艘小艇一會兒湧上波峰，一會兒陷入浪谷，在操縱人員的謹慎駕駛下，不斷向岸邊靠近。

十六時四十分，甚高頻裡傳出令人振奮的消息：「我已發現被接護船

員，他們都在岸灘上，請示接收。」始料未及
的是，由於海面風浪太大，小艇幾次嘗試均無
法靠近海岸。

眼看著天色越來越暗，如果獲救船員不能
及時接護到軍艦，隨時有可能再次被海盜劫持
為人質。現場指揮員王明勇當即請示派直升機
前出接護獲救船員。

風浪裡，直升機飛離甲板，呼嘯著衝向岸
邊。岸灘上，二十六名獲救船員衣衫襤褸，赤
著雙腳，揮舞著手中的衣物，呼喊著奔向直升
機。

因目標周圍全是沙灘，直升機無法著陸。
最後，直升機選擇在退潮後露出約十米寬的潮
濕沙灘上空低空懸停，特戰隊員索降落地後迅速警戒，在二十六名獲救船
員身邊樹起一道安全屏障。

十七時四十分，第一批三名船員成功接回。接送船員的直升機剛剛落
在「常州」艦飛行甲板，船員李賀就迫不及待地跳下飛機，痛哭流涕地大
聲向其他船員喊著：「這是我們的軍艦，我們安全了！」

此時，海天漸漸連成昏暗一片。天色越暗，營救的難度就越大。「常
州」艦官兵開始和時間賽跑，直升機剛剛放下船員又立即起飛，將一批又
一批船員接回軍艦。

十八時二十分，隨著第五批七名船員被成功接回，官兵們終於將二十
六名船員安全接護至「常州」艦。當最後一名船員、「旭富一號」漁船船

▲ 第一批獲救船員踏上軍艦

長吳朝義跳下飛機的一剎那，艦政委楊耀一把將他緊緊地抱在懷裡：「你們已經到家了，歡迎你們回家！」

戰塵未洗又出發。「常州」艦立即調整航向，向坦桑尼亞的達累斯薩拉姆港進發。與此同時，「常州」艦艦員精心籌劃組織的圍繞讓獲救船員「忘掉過去、準備回家」的關愛行動也按部就班展開。二十六名船員分別領到了「常州」艦為他們專門準備的臥具、洗漱用品和內衣、外套、鞋子等生活必需品。洗完澡、換上新衣服，劫後重生的船員們煥然一新，聚在艙室裡進行體檢和休息。

經過四天的連續航行，七月二十一日上午，「常州」艦安全抵達坦桑

護航編隊官兵面向國旗宣誓

▲ 中國和越南山連山水連水

尼亞達累斯薩拉姆港。駐坦桑尼亞使館人員上艦後，在「常州」艦會議室裡，雙方進行了簡短的交接簽字儀式。

九時四十五分，二十六名船員即將離開「常州」艦時，「旭富一號」漁船全體船員列隊，船長吳朝義對前來送行的官兵深深地鞠了一躬：「請允許我代表二十六名船員向中國海軍護航編隊致以最崇高的敬意，衷心感謝『常州』艦全體官兵為我們所做的一切！」

護航四年以來，中國海軍護航編隊先後完成了中國「德新海」輪、臺灣「穩發 161」號漁船、中國「源祥」輪、臺灣「旭富一號」漁船等多次接護行動，確保了被釋船舶百分之百的安全。

▊ 營救被劫船舶

在護航行動中，營救被海盜劫持船舶行動是最複雜、最困難的行動。在海盜已經劫持船舶的情況下，海軍救援行動投鼠忌器，稍有不慎就可能造成船員傷亡，甚至造成海軍兵力傷亡。因此，營救被劫船舶行動是對海軍護航編隊作戰能力的重大考驗。通常，營救行動由總統親自決策，海軍慎重實施，這是各國海軍護航兵力的通行做法。

二〇一〇年十一月二十日，已經連續護航四個月的中國海軍第六批護航編隊與前來接替的第七批護航編隊在亞丁灣護航海域會師。當天上午，「崑崙山」艦、「蘭州」艦、「舟山」艦、「微山湖」艦、「千島湖」艦等五艘軍艦聯合護衛二十七艘中外商船向東行駛，「徐州」艦單獨護送遭海盜襲擊後脫險的「樂從」輪駛向阿曼塞拉萊港。

由三十二艘艦船組成的船隊浩浩蕩蕩延綿數十公里，海面一片寧靜，一切情況似乎都很正常。上午十一時，突然，編隊指揮艦值班室收到上級指令：中國籍特種運輸船「泰安口」號在阿拉伯海靠近阿曼的海域遭海盜襲擊，四名海盜已經登船，二十一名船員在「安全艙」等待救援。上級命令編隊立即派出兵力實施救援！

海盜已經登船，如不及時救援，船員可能被海盜劫持！情況危急，護航編隊立即啟動營救預案！

當時，執行東行護航任務的五艘軍艦距離事發海域約七百海里，而護送「樂從」輪的「徐州」艦相對較近，約四百海里。編隊立即調兵遣將，重新分配兵力組成營救編隊和護航編隊：對「樂從」輪的護送由伴隨護航

▲ 「徐州」艦在武力營救「泰安口」輪

改為輸送特戰隊員隨船護衛，命令「徐州」艦全速趕往事發海域救援；
「崑崙山」艦、「舟山」艦全速跟進前出支援，「蘭州」艦、「微山湖」艦、
「千島湖」艦繼續護衛二十七艘商船東行。

　　十一時四十四分，營救艦艇與「泰安口」輪所屬公司取得聯繫，確認
船上共有二十一名中國船員。據船東公司報告，他們已與海盜進行過通
話，由於海盜始終拒絕公司與「泰安口」輪船員通話，初步判斷海盜並未

將任何船員劫持為人質。

二十二時三十五分，在中斷音訊近十一個小時後，營救艦艇與船員取得了聯繫。船員報告說，所有人已在海盜登船後按照船舶防海盜應急預案的部署及時進入安全艙室，人員暫無生命危險。但由於長時間滯留在悶熱缺氧的安全艙內，部分船員出現急躁情緒。營救編隊鼓勵船員繼續堅持、耐心等待軍艦救援。

二十一日凌晨二時五十七分，「徐州」艦行至距「泰安口」輪二十海里處。隨後，艦載直升機飛抵「泰安口」輪上方偵察，對可能藏匿在船上的海盜進行攻心喊話，與被困船員取得聯繫並進行心理疏導和安撫。

八時二十九分，營救艦艇指揮員下令「徐州」艦展開援救行動。擔負封控掩護任務的直升機呼嘯而起，二艘小艇搭載八名特戰隊員向「泰安口」輪高速駛去。

特戰隊員兵分兩組，從船艉迅速攀登上商船。二名隊員分別留守主甲板和制高點，封控艙面海盜可能逃離的出口。其餘六名隊員組成搜索隊形，按照從上到下、由中間至兩側的順序，對駕駛室和船員住艙七個甲板

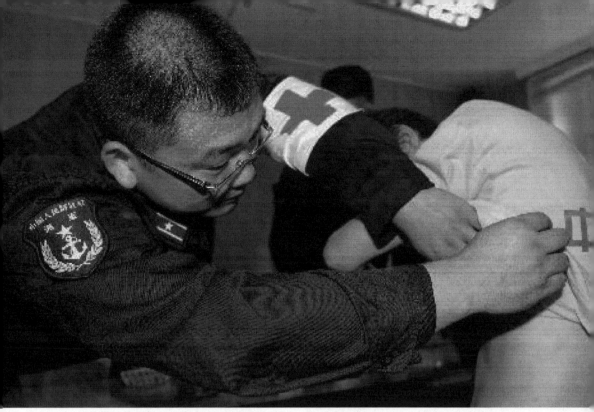

▲ 中國海軍護航編隊救治患病船員

層進行仔細排查。

　　推門、側閃、封控⋯⋯特戰隊員戰術動作一氣呵成，配合默契。

　　九時五十三分，經過近八十分鐘的艙室搜索，特戰突擊分隊報告：登上「泰安口」輪的海盜已經全部逃離，二十一名船員全部安全獲救！

　　隨後，醫療人員登上商船，為二名受彈片擦傷的船員進行了止血、清創和包紮治療。調查取證人員在商船上發現彈痕、彈片、彈殼及海盜遺留的衣服、斧頭等物品。由於「泰安口」輪上的通信設備、保安報警系統遭破壞，「徐州」艦派出裝備檢修人員，對商船主動力系統、各類輔助機械及航海、通信裝置進行了檢修。

　　「泰安口」輪營救行動是中國海軍護航編隊首次派兵登船處置險情，

國際社會對此給予高度評價。美國海軍國際合作局托尼斯上校稱，在船員躲進安全艙室、無法通報海盜信息的情況下，中國海軍特戰隊員首次登船處置險情，面臨的危險程度與實戰無異，其戰術行動十分專業。

▲ 隨船護衛

國際人道主義救援

奔波於世界各大洋的海員們是一個特殊的群體，他們不僅要經歷海上的狂風大浪，還要面對海盜的襲擾，而且可能遭受疾病、傷痛等各種挑戰。遠洋商船醫療、生活保障條件有限，在茫茫的印度洋上，求助海軍是船員們唯一的希望。

二〇〇八年十一月十日，菲律賓「斯圖爾特力量」號商船遭海盜劫持。在經歷四個多月的扣押後，二〇〇九年四月二十一日，該船被索馬里海盜釋放。由於長期羈押，船上嚴重缺乏生活物資和藥品，二十三名船員的生活必需品和生命安全無法保障，在索馬里以東一百二十海里海域漂泊，亟待海軍救援。

應菲律賓外交部請求，中國海軍第二批護航編隊派出「黃山」艦晝夜急馳五百多海里，接護「斯圖爾特力量」輪。

四月二十五日，「黃山」艦趕到接護點，立即為「斯圖爾特力量」輪補給了食品、飲用水和部分藥品。

「就在『黃山』艦護航期間，海盜們試圖再次襲擊『斯圖爾特力量』號。」六十二歲的船長阿貝拉爾多・帕切科回憶，「那是另外一夥海盜，他們有四條白色小艇，當時已經到了我們輪船的側翼。那些海盜大多手持 AK-47 突擊步槍，而我們的貨船上除菜刀外，沒有任何可以稱之為『武器』的東西。」

危急時刻，「黃山」艦緊急前出，直升機起飛。四艘海盜小艇見狀，停止了對「斯圖爾特力量」號的追趕，紛紛掉頭逃竄。

經過三天三夜的航行，「黃山」艦將「斯圖爾特力量」輪護送至安全海域。

分航時，阿貝拉爾多船長在甚高頻十六頻道裡對「黃山」艦官兵說：「衷心感謝你們，我要告訴全世界，是中國海軍救了我們的命！」

五月初，「斯圖爾特力量」號安全回到馬尼拉。菲律賓副總統德卡斯特羅指出：「中國海軍前往亞丁灣、索馬里海域護航，為包括菲律賓在內

▲ 「黃山」艦在護航

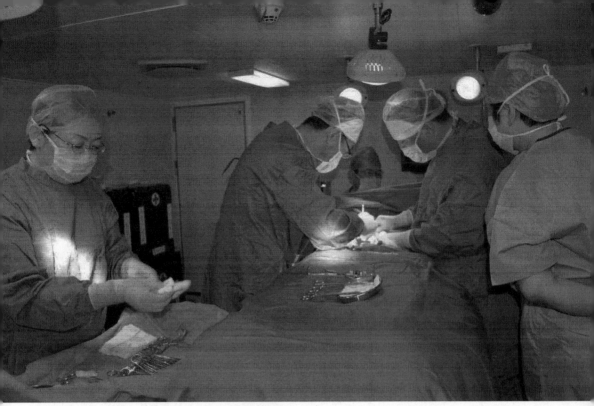

▲ 護航編隊醫療隊在為病人進行手術治療

的其他國家船隻提供幫助，真正體現了一個負責任大國的風範。」

「叮叮叮……」二〇〇九年七月二十三日四時五十五分，「微山湖」艦駕駛室的值班電話驟然響起。正在執行第二二二批護航任務的「微山湖」艦接到編隊指揮所通報：「被護船舶中塞浦路斯籍『里克默斯‧多哈』號商船上有一名船員腿部受傷，你艦做好準備，待天亮後，派醫療隊員前往進行救治。」

接到通報後，「微山湖」艦指揮員決定派普外科醫生廖小強、麻醉醫生倪傳斌和護士長李彩霞前去救治。

七時許，「微山湖」艦在請示編隊後，三名醫護人員搭載小艇前往「里克默斯‧多哈」號商船。海上風大浪急，行進中醫護人員全身被海水

打濕。

　　登上商船後，中國海軍醫護人員對傷員進行了仔細診斷，清除傷口淤血，然後進行清洗和消毒。在注射麻醉藥後，醫生對傷口不規則處進行了修復和縫合，並為傷員注射了破傷風藥。

　　離別前，醫護人員給洛克留下一些口服抗生素藥物並交代其注意事項。船長帕那吉爾提斯・卡特斯基斯在一旁激動地說：「中國海軍護航編隊是無可挑剔的！你們的服務和照料非常細緻周到，我實在想不出什麼詞語來表達自己此時的感激之情！」

　　醫護人員坐上返回的小艇，回首望去，只見「里克默斯・多哈」號的船員們紛紛揮舞著手中的帽子向他們致意。

　　二〇一〇年二月下旬，被海盜劫持的希臘商船「阿波羅」號獲釋。應希臘方面請求，中國海軍決定派第四批護航編隊的「溫州」艦前去接護。

　　當時，「溫州」艦正在斯里蘭卡科倫坡港臨時補給，距任務海區有一千八百餘海里。接受任務後，官兵們以最快速度連續航行三天三夜，於二月二十七日抵達索馬里加勒加德外海，與「阿波羅」號會合。

　　二十八日，應「阿波羅」號船長要求，「溫州」艦放小艇運送特戰隊員，對其進行安全檢查，隨後又補給了油水、食物等，最終將其護送至安全海域。「阿波羅」號船長動情地說：「我們國家自己有軍艦在亞丁灣護航，可是來解救我們的卻是中國海軍艦艇！每名船員都深深地感受到了來自中國政府和中國海軍的特殊關照和幫助！」

　　「阿波羅」號商船隸屬希臘船王弗蘭戈斯女兒掌管的納維奧斯公司。時隔五個月後，中國海軍第五批護航編隊訪問希臘比雷埃夫斯港。已是八十五歲高齡的弗蘭戈斯，在女兒和公司高層陪同下，專程來到「廣州」

▲ 中國海軍護航艦艇為外國商船護航

艦，感謝中國海軍護航編隊成功接護「阿波羅」號。他說：「阿波羅號獲

釋後，我們首先想到了中國海軍，因為中國海軍快速、高效、專業，是一

支維護世界和平的重要力量。」

　　二〇一一年五月二十六日，敘利亞貨船「哈利德‧穆赫迪恩」號在索

馬里東部加拉加德海域被海盜釋放，長達四個多月的囚禁生活，幾乎所有

船員患有傷病，而且燃油、淡水、食品殆盡，陷入絕境。

　　正在附近執行任務的中國海軍第八批護航編隊「馬鞍山」艦獲悉「哈

利德」號亟需救助的消息後，第一時間抵達「哈利德」號，補給了燃油、

淡水、食品和藥品。

　　中國海軍醫療人員迎著四米高的風浪，搭乘艦載小艇登船為「哈利

德」號船員治病。船長默罕默德‧阿扎加滿懷深情地感謝道：「中國海軍

的救助行為，讓我充分感受到了中國海軍的人道主義精神。」

二〇一一年九月十八日下午，海軍第九批護航編隊指揮所接到日本商船「太陽」號的求助電話：該船一名韓國籍船員在甲板作業時不慎摔傷，導致右上肢畸形、腫痛，活動出現障礙，傷員痛苦不堪，需要提供醫療救助。了解情況後，編隊馬上指示「武漢」艦派出醫療小組，乘小艇趕赴求援的商船。

▲ 希臘船王登艦感謝中國海軍護航編隊接護其商船

▲ 中國海軍護航編隊艦載直升機在亞丁灣為被護商船巡邏警戒

十四時三十分，中方醫療小組登上「太陽」號商船。經檢查，患者傷情被確診為右肘關節後脫位及前臂活動障礙，伴關節囊撕裂出血。醫護人員立刻對患者受傷部位進行局部麻醉，抽吸關節內積血，並通過手法牽引對錯位關節實施復位。復位後，患者右肘立即恢復了活動。為防止復位關節再次錯位，兩名醫師又對患者實施了石膏外固定術。

護航四年來，中國海軍成功救助了新加坡「帕密」輪、菲律賓「斯圖爾特力量」輪、希臘「納維斯・阿波羅」輪、日本「太陽」號輪等多艘外國商船，贏得了國際社會的廣泛讚譽。

▲ 「巢湖」艦在護送「帕密」輪

利比亞撤僑護僑

　　二〇一一年初，利比亞社會動盪，數萬同胞安危牽動人心。爭分奪秒大轉移，海陸空立體大營救，一場規模空前的國家救援行動迅即展開。

　　正在亞丁灣、索馬里海域執行護航任務的中國海軍第七批護航編隊，奉中央軍委命令緊急派出軍艦趕赴利比亞附近海域，為撤離中國在利比亞

▲　「徐州」艦千里馳援，全力以赴為撤離在利比亞同胞船舶護航。

▲ 「徐州」艦特戰隊員向我國在「VENIZELONS」號客輪上的同胞揮手致意

人員的船舶提供支援和保護。

　　派軍艦執行為撤離海外人員船舶實施警戒護航任務，在中國海軍歷史

上尚屬首次。

此時，「舟山」艦正靠泊吉布提港進行例行休整補給，「徐州」艦正在亞丁灣西部海域執行第二九九批船舶護航任務。

快速反應，刻不容緩。海軍領導機關科學指揮調度護航兵力，命令「徐州」艦前出，同時命令「舟山」艦提前結束休整，接替「徐州」艦，與「千島湖」艦共同執行護航任務。

夜色朦朧，星波傳信。領受任務後，第七批護航編隊迅速指揮「徐州」艦進行任務轉進，認真研究任務海區特點，及時靠泊「千島湖」艦緊急補給油水、物資，完善兵力行動、後勤裝備保障等方案預案，在最短時間內做好了一切準備。

二〇一一年二月二十四日三時，「徐州」艦從曼德海峽南口啟航，晝夜兼程趕往地中海。

「徐州」艦前出後，護航兵力減少了，可海盜活動依然猖獗，如何確保正常護航任務順利完成？面對接踵而來的複雜局面，第七批護航編隊採取加強預警值班力量、提高直升機戰鬥值班等級、加強與被護商船溝通等手段，有效確保了第二九九批十四艘被

護船舶的安全。

「徐州」艦一路航行一路準備，熟悉紅海、地中海、蘇伊士運河附近各個港口有關航線資料和航法規定，做好傷員救治和應急後送的相關醫療準備，並對裝備進行了精心調試，確保始終處於良好狀態。

雖然，此時「徐州」艦已經在亞丁灣連續執行了近四個月的護航任務，官兵們的身體、心理已經極度疲憊，但領受這一任務後，官兵們個個士氣高漲，始終保持著旺盛的鬥志。

連續高速航行六晝夜後，「徐州」艦趕到任務海區。二〇一一年三月一日上午，「徐州」艦與搭載中國同胞的「衛尼澤洛斯」號客輪會合。

看到自己國家的海軍軍艦，剛從戰火中撤離的中國同胞們非常激動。他們紛紛跑到甲板上，朝「徐州」艦不停地揮手，「中國萬歲！」「感謝海軍！」的呼喊聲一浪高過一浪，不少人還高高舉起五星紅旗，歡呼雀躍，喜極而泣。「徐州」艦官兵們則拉起「祖國海軍向你們致以親切問候！」「祝同胞們一路平安！」的橫幅，以特有方式向同胞表示親切的問候⋯⋯

中國海軍第一次參與撤僑護僑行動，引起了國際社會的廣泛關注。美聯社的報導稱：中國首次派出軍艦參與人道主義危機中撤離平民的行動，凸顯了海軍遠洋行動能力的增強和政府保護海外公民的決心。

第三章

中國海軍的護航模式

一九四九年四月二十三日，中國人民解放軍海軍在中國的內河長江岸邊成立；二〇〇八年十二月二十六日，人民海軍第一批護航編隊走向陌生的遠海。無論從建軍歷史還是從遠海實戰經驗看，在世界海軍行列中，只有六十餘年歷史的中國海軍是一支年青的新生力量。對於中國海軍而言，護航行動無疑是一次嚴峻的考驗和挑戰。從首闖「陌生海域」到「護航常態化」，中國海軍邊實踐、邊總結，走出了一條科學合理的護航之路。

▌護航方式：伴隨護航＋隨船護衛＋區域護航

　　如果您現在去問一位國際遠洋船舶的船長，中國海軍護航編隊的 A 點和 B 點是指什麼？他一定會不假思索立即回答您：這是中國海軍護航編隊在亞丁港西南和索科特拉島以北附近海域設立的商船集結點和解護點。A 點的經緯度是北緯 14 度 50 分，東經 53 度 50 分；B 點的經緯度是北緯 11 度 52 分，東經 44 度 12 分。

　　然而，對於第一批中國海軍護航編隊而言，確定 A 點和 B 點並不是一件容易的事。

　　亞丁灣海域遼闊，東西長一千四百八十公里，平均寬度四百八十二公

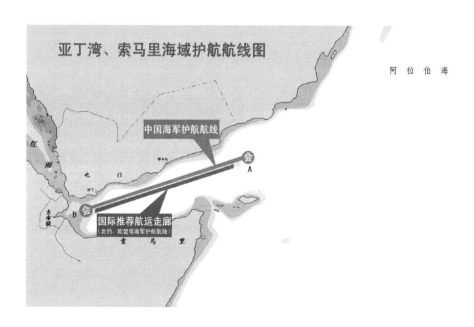

▲ 中國海軍以接力護航方式成功驅離多批可疑小艇

里，面積約五十三萬平方公里，比歐洲大部分國家的國土面積還大。在如此遼闊的海域上，如何實施護航行動？這是中國海軍護航編隊面臨的首要問題。

當時在亞丁灣護航的其他海軍實施護航的方式主要有兩種：第一種是區域護航，即派出軍艦在亞丁灣區域巡邏，類似海上巡邏警察。第二種是伴隨護航，軍艦伴隨商船通過亞丁灣，類似貼身保鏢。

有海軍專家曾經指出，如果在亞丁灣海域實施區域護航，按照現代軍艦的作戰能力計算，完全覆蓋亞丁灣海域大約需要六十艘戰鬥艦，而當時各國護航軍艦總數隻有大約三十艘左右。

中國海軍每批護航編隊一般由二艘戰鬥艦和一艘綜合補給艦組成，攜帶二架直升機和數十名特戰隊員，兵力有限，實施區域護航無疑是杯水車薪、無濟於事。

　　根據亞丁灣、索馬里海域海區實際，借鑑外軍的經驗做法，中國海軍護航編隊在亞丁灣東口和西口附近，各設立了一個中國軍艦與被護航商船的匯合點，也就是 A 點和 B 點，兩點之間的最初距離約五百五十海里；同時，在亞丁灣和索馬里以東海域主要航道附近設立了七個巡邏區。

　　在確定護航區域後，中國海軍選擇採取伴隨護航、隨船護衛和區域護航等三種基本護航方式。

▲ 中國海軍第五批護航編隊護送中外商船航行在亞丁灣索馬里海域

伴隨護航是指軍艦與被護船舶在 A 點或 B 點會合，組成護航船隊通過亞丁灣。伴隨護航是中國海軍護航編隊最常用的護航方式。

　　二〇〇九年一月六日，中國海軍首批護航編隊經過十二天的海上航行，從中國海南三亞來到印度洋的亞丁灣，對中國「河北翱翔」輪、「晉河」號、「觀音」號、「哈尼河」號四艘商船實施護航，這既是中國海軍的第一次護航行動，也是中國海軍的第一次伴隨護航。

　　隨船護衛是指對航速慢、幹舷低、易受攻擊或裝載有重要物資的船舶，派出由特戰隊員組成的護衛小組，攜帶必要的武器裝備登船護衛。在被護船舶較多時，隨船護衛是常用的護航方式。

　　二〇〇九年一月十二日，中國海軍首批護航編隊執行第二次護航任務。六名全副武裝的特戰隊員分別搭艦載直升機滑降到「振華 13」號和「振華 14」號商船，這是中國海軍護航編隊首次開展隨船護衛。

　　區域護航是指在亞丁灣和索馬里以東海區船舶主要航線附近設置七個巡邏區，護航艦艇不定期赴巡邏區巡邏。

▎護航模式：從臨時性伴隨護航到週期性伴隨護航

最初，中國海軍護航編隊按照臨時性編組進行伴隨護航，即海軍下達護航任務，明確被護船舶的數量、目的地，軍艦與商船在 A 點或 B 點會合，組成編隊通過亞丁灣。

這種臨時編組的護航方式，匯合點是固定的，在 A 點和 B 點，但時間不確定，集結編隊等待時間較長，影響商船船期，海軍護航兵力的使用強度比較大。

中國海軍第一批護航編隊指揮員杜景臣將軍回憶說：「後來，根據我們幾次護航的逐漸摸索，海軍決定由臨時性護航調整為週期性伴隨護航。就像公共汽車站發班車一樣，規定出發時間、地點。」

調整為週期性伴隨護航以後，中國海軍護航編隊每月提前對外公開發佈護航計劃，明確護

▲ 撤收特戰隊員

航地點、日期、時間，便於商船合理安排船期，減少了商船的等待時間，提高了護航效率。正常情況下，中國海軍護航編隊東、西向每六天各執行一次護航任務。

下表即為中國海軍公佈的二〇一二年十一月護航計劃。

東向護航編隊	西向護航編隊
匯合點（B點）：北緯11度52分，東經44度12分 起航時間：0700時（世界標準時間）	匯合點（A點）：北緯14度50分，東經53度50分 起航時間：0700時（世界標準時間）
日期：	日期：
11月1日	11月4日
11月7日	11月10日
11月13日	11月16日
11月19日	11月22日
11月25日	11月28日

申請程序：提前申請＋臨時申請

　　儘管海軍護航是免費的，但必須提前申請，這是各國海軍的普遍做法。借鑑其他國家的做法，結合本國實際情況，在護航之初，中國交通運

▲ 護航編隊特戰隊員在亞丁灣海域準備對疑似海盜快艇（右一）實施登臨檢查

輸部和海軍專門出臺了相關護航指導，規定了申請護航的程序和方法。

對於中國大陸船舶，其申請過程為：船東公司——中國船東協會——中國交通運輸部——中國海軍。

對於香港、澳門地區的船舶，其申請過程為：船東公司——香港、澳門海上搜救中心——中國海上搜救中心——中國海軍。

對於臺灣船舶，其申請過程為：船東公司——臺灣海基會——中國船東協會——中國交通運輸部——中國海軍。

對於外國船舶，其申請過程為：船東公司——中國駐外使領館——中

▲ 第六批護航編隊護航現場航拍

國交通運輸部——中國人民解放軍總參謀部——中國海軍。

　　儘管很多國家海軍在亞丁灣實施護航行動，但由於商船船期和本國海軍護航計劃日期難以完全一致，通常商船的首選並不一定是本國海軍，而是最接近本船船期的護航編隊。換而言之，申請參加護航的商船來自多個國家和地區。申請參加中國海軍護航的商船中，既有中國大陸船舶，香港、澳門和臺灣地區中國船舶，也有外國商船。

　　這就帶來了一個問題：按照「提前申請」的方式，外國商船必須通過中國駐外使領館進行申請，他們抱怨這種方式過程複雜、時間漫長。因此，很多外國商船直接在海上通過 VHF、海事衛星電話或 E-mail 向中國護航軍艦提出護航申請。

　　儘管中國海軍護航編隊的主要任務是保護中國和世界糧食計劃署等國際組織的船舶安全，但接受他國商船護航申請並承擔相應保護義務一直是中國海軍的習慣做法。二〇〇九年一月二十二日，中國海軍在亞丁灣開展護航後的第十六天，中國護航編隊為在比利時註冊的巴拿馬籍「Panama Express」號商船護航，開啟了為外國商船護航的先河。

　　事實上，與其他國家海軍護航情況類似，在中國海軍護航編隊的被護船舶中，經常出現臨時申請的船舶遠遠多於提前申請的船舶、外國（地區）船舶多於中國船舶的情況。

　　為了方便商船申請，提高護航效率，中國海軍及時調整，簡化了護航申請程序，並將護航申請方式由提前申請調整為提前申請與臨時申請相結合。

　　在公開發佈的「護航計劃」中，中國海軍專門增加了中國三艘護航軍艦的海事衛星電話、傳真和電子郵件等聯繫方式，方便商船與軍艦聯繫。

下表所示即為二〇一二年十一月中國海軍第十二批護航編隊「益陽」艦、「常州」艦和「千島湖」艦的海事衛星電話和傳真號碼。

「益陽」艦（舷號548）	國際海事衛星電話F站 國際海事衛星電話C站	電話：773122641
		傳真：783120891
		電話：494602095
「常州」艦（舷號549）	國際海事衛星電話F站 國際海事衛星電話C站	電話：773121923
		傳真：783122136
		電話：494602096
「千島湖」艦（舷號549）	國際海事衛星電話F站 國際海事衛星電話C站	電話：763681441
		傳真：600653654
		電話：441218948

護航申請程序的調整，極大地擴大了護航受益面。二〇〇九年二月十八日，中國海軍編隊執行第二十一批商船的護航任務。參加本次護航的十艘船舶均為中國商船。這是海軍編隊執行護航任務以來的最大規模護航行動。在護航過程中，德國「HERMIONE」號、新加坡「VIKING CRUX」號和塞浦路斯「PRINCESS NATALY」號等三艘外國商船，通過VHF 16頻道呼叫，請求加入中國護航編隊，立即獲得批准，跟隨編隊航行。整個護航船隊綿延十公里，蔚為壯觀。

▌護航航線：四次調整向亞丁灣東西兩端延伸

最初，中國海軍確定護航的匯合點 A 點和 B 點，主要考慮上述兩點是四條主要國際水道的交匯點，四條水道分別是來自波斯灣、蘇伊士運河、非洲東海岸和橫跨印度洋去往東南亞的航線。

「道高一尺，魔高一丈。」隨著各國海軍在亞丁灣、索馬里海域護航兵力的不斷增強，索馬里海盜避開海軍護航區域，轉向亞丁灣東西兩端作案，襲擊過往商船。

為應對海盜活動新形勢，必須採取新對策。中國海軍護航編隊針對海區氣象和海盜活動變化，將護航區域適時向海盜可能活動區域拓展，先後四次對護航航線進行了局部優化調整。

第一次是從二〇〇九年八月六日開始，中國海軍第二批護航編隊針對索馬里海盜在曼德海峽南口附近海域活動增多，將亞丁灣西部解護點調整到了曼德海峽南口附近海域。

第二次是從二〇〇九年十月一日開始，中國海軍第三批護航編隊把原護航區域西部會合點 B 點沿亞丁灣向西北延伸了三十六海里至北緯 12 度 17.8 分、東經 43 度 49 分處，並在護航航線上增設了一個轉向點，在護航航線中部增設了一個臨時補給待機區。與調整前相比，新的護航線路距索馬里沿岸距離更遠，航程比原來縮短了十七海里，商船往返一趟可減少四個多小時的航程，這樣既節省了航行時間，也降低了商船被海盜襲擊的風險。同時，會合點向北調整，也有利於護航編隊對曼德海峽、紅海南部海區航行商船的支援和掩護。

▲ 一級反海盜

　　印度洋北面受平均海拔五千米高的青藏高原阻擋，形成全球最強盛的季風系統，具有典型的季節變化特徵，每年春、秋兩季為季風轉換期。在季風轉換期，印度洋海況平靜，海盜活動向亞丁灣東部延伸。

　　針對海區氣象與海盜活動的關係，中國海軍護航編隊進行了第三次、第四次航線向東延伸的調整。

　　第三次是從二〇一〇年一月一日開始，將亞丁灣、索馬里海域原護航路線東部匯合點向東延伸五十海里。

　　第四次是從二〇一〇年十月一日開始，再次把護航區域向亞丁灣東部海域延長了一百二十二海里。

通過上述四次優化調整，減少了商船集結時間，最大限度保護了被護船舶安全，提高了護航效率，受到了商船的交口稱讚。

▲ 繁忙護航兵

護航區域：由亞丁灣向索馬里東部海域拓展

索馬里是世界上最不發達的國家之一。貧窮和失業是索馬里人生活的真實寫照。據聯合國發展計劃署二〇〇四年統計，僅有不到三分之一的人口享有醫療服務，百分之七十五以上人口無安全飲用水。索馬里人均壽命為四十七歲。近五年來，索馬里國內產量只能滿足百分之三十人口的糧食需求。據世界銀行估計，索馬里每天收入不足一美元的極度貧困人口占人口總數的百分之四十三，百分之七十五以上的家庭每天生活費低於二美元。百分之四十七有勞動能力人口失業，三分之二的青年沒有工作。

目前，世界上大約有一百五十家機構向索馬里提供人道主義援助。世界糧食計劃署在索馬里開展人道援助已經超過四十年。索過渡聯邦政府成立後，得到包括中國在內的一些國家援助。絕大部分聯合國及國際社會的援助物資必須經過索馬里東部海域運輸。索馬里海盜對國際人道主義援助物資的運送構成嚴重威脅。

二〇〇八年十二月八日，為保護世界糧食計劃署的運糧船，歐盟發起了「阿塔蘭塔」行動，其首要任務是保護向索馬里運送人道主義救援糧食的世界糧食計劃署的商船。

保護世界糧食計劃署等國際組織運送人道主義物資船舶的安全也是中國海軍護航編隊的主要任務。由於歐盟海軍護航兵力充足，中國海軍在亞丁灣護航任務繁重，因此，在護航的前三年，中國海軍並沒有到索馬里東部為世界糧食計劃署商船護航。

進入二〇一一年，由於經濟不景氣，歐盟成員國開始削減軍費，歐盟

▲ 中國海軍第七批護航編隊與第八批護航編隊在亞丁灣東部海域商船集結點附近會合,並組織了共同護航。

海軍反海盜編隊面臨軍艦數量不夠的窘境。

應世界糧食計劃署請求,二〇一一年三月至二〇一二年十二月,中國軍艦為世界糧食計劃署船舶在索馬里東部海域先後進行了四次護航行動。

第一次是在二〇一一年三月二十二日,中國海軍第八批護航編隊臨時調整護航兵力,抽調「馬鞍山」艦前往索馬里東部海域,從柏培拉港附近海域出發,護送世界糧食計劃署租用的「AMINA」號運糧船,開啟了中國軍艦為世界糧食計劃署商船護航的新篇章。

第二次、第三次分別是在二〇一一年七月三日和二十一日,「馬鞍山」艦從索馬里柏培拉附近海域出發,將世界糧食計劃署租用的「夢想」號和「穆斯塔法」號商船安全伴隨護送至索馬里博薩索港。

第四次是在二〇一一年十月二十一日，經過二十二小時連續航行，中國海軍第九批護航編隊「玉林」艦單獨護送世界糧食計劃署「納威爾三號」商船，安全抵達索馬里柏培拉港。

對此，世界糧食計劃署專門給中國海軍第八批護航編隊發來電子郵件：「感謝中國海軍為運送國際人道主義援助物資船舶提供的周到服務。」

中國海軍第八批護航編隊指揮員韓小虎大校指出：「中國海軍護航編隊為世界糧食計劃署船舶護航，體現了中國履行國際人道主義義務的實際成果，進一步加強了中國海軍與世界糧食計劃署的交流與合作，展示了中國負責任大國和中國海軍和平文明之師的良好形象。」

▲ 中國海軍護航編隊「武漢」艦艦載直升機運輸特戰隊員緊急登機中

▎護航保障：出海攜行＋海上補給＋捎帶前送＋靠泊補充

　　中國古代兵法說，兵馬未動，糧草先行。通常，一艘海軍驅逐艦或護衛艦每天消耗的燃油、淡水和食品等達數十噸。海軍艦艇編隊長期在海外遂行任務，必須依賴海外基地或友好國家港口進行補給保障。

　　在亞丁灣、索馬里海域護航的其他國家海軍軍艦，具有較好的補給保障條件。美國、法國在吉布提一直擁有軍事基地，歐盟、北約等組織和西方盟國的海軍可以依託美國和法國的吉布提基地港口實施不定期補給。通常，上述組織和國家的海軍艦艇每隔十五天停靠吉布提或其他港口五天，進行後勤補給和人員休整。

　　中國海軍護航編隊總人數八百多人，在海上連續遂行任務時間長達五至六個月，遠離中國大陸，又沒有海外基地，燃油、淡水和主副食品等艱巨繁重的補給保障問題如何解決？這是一個令很多世界海軍專家和同行都感到困惑的問題。

　　更令人吃驚的是，中國海軍第一批護航編隊的三艘艦艇到達亞丁灣，就一直連續執行護航任務，六十一天沒有靠港補給；二艘戰鬥艦艇在護航全程一百二十四天都沒有靠港，官兵在四個多月的時間裡一直待在空間狹窄的軍艦上，從未接觸過陸地！這不僅創造了中國海軍的記錄，在世界海軍歷史上也並不多見。

　　針對外界的好奇和質疑，二〇一一年三月三十一日，在中國國務院新聞辦公室舉行的新聞發佈會上，中國人民解放軍總後司令部戰勤計劃局副

▲ 艦載直升機將補給物資送到「武漢」艦上

局長彭振海揭開了謎底：中國海軍護航行動後勤保障主要採取自我保障和靠泊補給相結合的方式，綜合運用出海攜行、海上補給、靠泊補充的方法組織實施。

　　所謂出海攜行，就是護航艦艇在國內母港攜帶足夠的彈藥、器材備件，並儘可能多帶油料、淡水和主副食品，盡量減少海上和國外補給。

　　所謂海上補給，就是由綜合補給艦在海上為戰鬥艦補給淡水、副食和油料等物資。

　　說到海上補給，就不能不提中國海軍的「護航明星艦」──「微山湖」艦和「千島湖」艦。這兩艘艦艇均為中國自行設計製造的第二代遠洋綜合

▲ 中國海軍第四批護航編隊夜間海上補給

補給艦，排水量二萬三千噸，設有直升機甲板，可實施縱向、橫向和直升機垂直補給，二〇〇四年四月同時入列海軍服役。有意思的是，二〇一〇年九月，泰國海軍派往亞丁灣執行護航任務的「錫米蘭」號綜合補給艦，與中國「微山湖」艦是屬於同種型號的姊妹艦，「同胞姐妹」偶遇亞丁灣，被中泰護航官兵傳為佳話。

二〇〇九年七月二十日，在亞丁灣海域，中國海軍第三批護航編隊「千島湖」艦成功完成了「三艦合一」的海上停泊靠幫補給。「舟山」艦和「徐州」艦分別緊靠在「千島湖」艦的左右船幫，同時進行了油料、淡水和蔬菜等物資的海上補給。

▲ 第七批護航編隊兩艘戰鬥艦艇同時進行航行補給

▲ 「微山湖」綜合補給艦對「廣州」號導彈驅逐艦進行了橫向的液貨補給

　　從二〇〇八年十二月至二〇一二年九月，「微山湖」艦在亞丁灣、索馬里海域先後完成五批亞丁灣護航任務，累計時間長達七百五十天，一四一五〇多個小時，航程十萬多海里，相當於繞行地球五圈，開創了中國海軍遠洋保障多個第一，刷新世界海軍史上補給艦執行護航行動多項紀錄。

　　在第一批、第二批、第五批和第六批護航任務中，「微山湖」艦就成功開創了首次持續高強度在遠離岸基的陌生海域組織後裝保障、首次依託國外商用港口以商業化模式實施大批量綜合補給、首次嘗試依託商船捎帶進行海上大規模物資補給、首次在遠洋組織多種應急衛勤救護行動等中國海軍遠洋保障史上的多個第一，刷新了世界海軍史上補給艦執行護航任務時間最長、補給次數最多、單次伴隨護航時間最長、單日補給數量最大、護送商船最多等多項紀錄，續寫了人民海軍護航成功率、補給成功率、裝備完好率、人員安全率均達百分之百的驕人成績，成為名副其實的「海上

▲ 大洋補給

浮動綜合保障基地」。

　　從物資補給的角度講，出海攜行和海上補給基本可以滿足護航軍艦的保障需要。但護航官兵長期在軍艦上執行護航任務，身處全封閉的環境中，面對艱苦單調的生活，難免在心理、身體上出現一些不適應。因此，靠泊補充也是非常必要的。

　　所謂靠泊補充，就是護航艦艇靠泊亞丁灣周邊國家港口，如阿曼塞拉萊港、也門亞丁港、吉布提港、沙特吉達港等，主要補充一些必要的淡水、副食和油料等後勤通用物資。同時，護航官兵也可以利用靠泊補給的機會，人員上岸休整，進行心理和身體的調整，按照官兵的說法是「接接

地氣」或者「充充電」。

二○○九年二月二十一日至二十三日，「微山湖」艦停靠也門亞丁港。由中國海軍有關供給部門和外交部、交通部有關人員組成的先遣組先期抵達亞丁港，協調也門駐華機構和中遠集團西亞公司按商業化模式展開物資採購。補給的物資主要包括柴油和淡水等液貨，同時還補給了禽肉、蔬菜、水果等四大類三十餘種乾貨，共計數千噸。這是中國海軍艦艇護航編隊自二○○八年十二月二十六日啟航以來首次實施靠港補給。

二○○九年六月二十六日，中國海軍第二批護航編隊「深圳」艦停靠阿曼塞拉萊港進行補給休整。軍艦靠港期間，組織官兵到塞拉萊港集體購物、觀光，還舉辦了軍民聯歡晚會、拔河、乒乓球比賽等文體活動。這是中國海軍護航編隊赴亞丁灣、索馬里海域執行護航任務以來，首次成建制組織官兵上岸休整。

中國海軍第二批護航編隊指揮員廖志樓少將說：「長時間的連續航行、高強度的護航任務和惡劣的海況，給官兵的心理和身體帶來了嚴峻挑戰。官兵定期靠港休整，有利於高標準完成後續護航任務。」

定期靠港補給休整，是各國護航艦艇的共同做法。從第二批護航編隊開始，中國海軍護航艦艇平均一個月左右靠港補給休整一次，每次為三至五天。為確保護航任務持續、不間斷地進行，中國海軍護航編隊採取輪流靠港補給休整方式，即每次安排一艘軍艦靠港休整，另外二艘軍艦則按計劃擔負護航任務。

除了上述出海攜行、海上補給、靠泊補充等三種補給方法外，中國還採取「捎帶前送」的方式為海軍護航編隊提供後勤保障，即依託遠洋的中國商船在國內採購副食品等日常物資，利用參加中國海軍護航的機會為軍

▲ 「納西河」輪商船為「崑崙山」艦捎帶補給

艦捎帶補給。

　　「捎帶前送」補給方式實際上是中國解放戰爭期間「民工支前」的現代版。一九四八年十一月，國共兩黨進行了一場震驚中外的大決戰——淮海戰役，結果是共產黨以六十萬兵力戰勝國民黨八十萬兵力。原因之一是共產黨擁有良好的人民群眾基礎。當時老百姓有句口號「隊伍打到哪裡，支前就跟到哪裡」。據統計，淮海戰役中，共有五四三萬名民工自發上前線為人民解放軍提供後勤支援。陳毅元帥事後深情地感嘆：「淮海戰役是人民群眾用獨輪車推出來的。」

　　當然誰也可能沒有想到，六十年後，在遙遠的亞丁灣，「民工支前」

在中國海軍護航編隊護航下的商船編隊

方式演變成「捎帶前送」，成為中國海軍遠海補給保障的一種新方式。

　　早在中國第一批護航編隊護航時，由於新鮮蔬菜補給困難，部分海軍護航官兵口腔嚴重潰瘍。參加護航的中國商船船員們得知這一情況後，就開始主動自發為中國海軍編隊捎帶前送後勤物資。此後，「捎帶前送」補給方式一直沿用下來。

　　二〇一〇年六月四日，上海遠洋運輸公司「固裕河」號商船為中國海軍第五批護航編隊捎帶了二十噸後勤物資，這是當時中國海軍執行護航任務以來規模最大的一次商船捎帶補給。「固裕河」號船長陳岳彬說：「接到為護航官兵捎帶物資的任務後，我們全體船員都感到很榮幸。我們堅持每天八次檢查冷溫庫，確保凍品、蔬菜、調味品、主食及水果等所有物資安全圓滿、保質保量地送到護航官兵手中。」

第四章

中國海軍護航交流與合作

▲ 「中國海軍護航編隊向您問好！」

　　目前，在亞丁灣、索馬里海域遂行護航任務的海軍力量涉及二十多個國家和三個國際海軍組織的近四十艘軍艦。根據護航方式劃分，可分為實施區域護航的多國海上力量和實施伴隨護航的獨立護航國家海軍兩類。

　　第一類是實施區域護航的多國海上力量，包括北約五〇八特遣編隊、歐盟四六五特遣編隊和美國主導的多國聯合一五一特遣編隊。二〇〇九年二月，歐盟四六五編隊、美盟一五一編隊倡導在亞丁灣建立了「國際推薦通行走廊」，商船以集體航行的方式通過，各國艦艇在各自責任區內自行決定採取伴隨護航、區域護航等方式，聯合實施護航行動。

　　第二類是實施獨立護航的中國、俄羅斯、印度、日本、韓國、伊朗、

馬來西亞、泰國等國家海軍，主要實施伴隨護航。

多國海軍和國際海軍組織在同一海域兵力雲集、長期共存，這是第二次世界大戰以來前所未有的現象。為了應對共同的海盜威脅，中國海軍護航編隊與各國海軍開展深入廣泛的交流合作：交流信息、登艦互訪、協調行動、分享經驗、聯合護航、聯合演練……使亞丁灣成為「合作之海」、「友誼之海」，為中國海軍提出的「和諧海洋」理念作了最好的闡釋。

事實上，護航四年以來，中國海軍已經與相關國際護航組織和各國護航艦艇建立了高度信任的夥伴關係。長期在同一海域執行任務，參加護航的很多中外軍艦、官兵都成了「老熟人」、「老朋友」，他們如同街坊鄰居，見面問個好，平時串個門，有事多商量，相互珍惜，相互支持，一切都顯得那麼自然、和諧。

▌信息交流

從一開始，中國海軍的護航行動就吸引了全世界的目光。二〇〇九年一月，當中國海軍第一批護航編隊剛剛抵達亞丁灣，已經在該海域開展護航的美國、英國、法國、德國、俄羅斯、印度等多個國家的海軍紛紛通過不同渠道表示，願意與中國海軍護航編隊開展交流與合作。

一月六日傍晚，中國海軍護航編隊「武漢」艦與法國「花月」號護衛艦會遇，夜色朦朧中，中國軍艦與法國軍艦通過燈光信號這種海軍國際通用的特殊語言，相互友好表達問候，並交換了電子郵箱地址。

一月十八日，中國「海口」艦會遇德國海軍「卡爾斯魯厄」號護衛艦，德艦向中國軍艦詢問附近海盜活動情況，「海口」艦如實友好相告。
……

▲ 「廣州」艦艦載直升機降落在韓國「姜邯贊」艦飛行甲板

「護航以來，我們幾乎天天都能遇到外國軍艦，天天都有信息交流。」南海艦隊司令部辦公室外事秘書李柏林說，「與外艦進行燈光信號通信、甚高頻國際公用頻道通話、收發電子郵件等情報信息交流，相互通報海盜信息、護航和巡邏行動、航空器飛行等有關情況，是再平常不過的了。」

甚高頻無線電是海上近距離艦艇間通信最常用的手段，就像使用手機一樣方便。通常，甚高頻無線電通信距離在十到二十海里範圍內，氣象好時甚至可達一百海里。在亞丁灣的各國海軍和商船的近距離通信都使用甚高頻無線電，並且規定將甚高頻十六頻道作為通用聯絡和應急呼叫頻道。

二〇〇九年二月，美國一五一特混編隊的首任指揮官麥克奈特少將饒

▲ 一五一特混編隊指揮官本納德・米蘭達少將一行乘坐小艇到達中國海軍「廣州」艦旁邊

▲ 我海軍首批護航編隊指揮員訪問美國海軍一五一特混編隊「拳師」號兩棲攻擊艦，並與指揮官麥克奈特少將會談。

有興趣地向媒體透露，他的旗艦「拳師」號兩棲攻擊艦第一次在亞丁灣遇到中國海軍護航編隊旗艦「武漢」艦時，他和中國海軍編隊指揮官杜景臣將軍使用甚高頻無線電進行了通話，雙方互致問候，表達了希望加強雙方之間信息合作的意願。之後，一五一特混編隊和中國海軍編隊還就雙方直升機行動進行了協商，雙方約定在起飛前，會通過甚高頻無線電向對方通報直升機起降時間和空域，確保飛行安全。

為了加強各國海軍之間的密切合作與協調，及時交流情報信息，二〇〇八年十二月，歐盟海軍基於國際互聯網平臺建立了「非洲之角海上安全中心」網站，又稱「水星」網。各國海軍軍艦和商船使用用戶名和密碼

▲ 美國海軍一五一特混編隊指揮官麥克奈特少將訪問我海軍首批護航編隊「武漢」艦，並在駕駛室操舵。

可登陸網站，獲取或上傳最新的海盜活動信息、各國軍艦護航計劃、遇襲商船情況、防範海盜襲擊措施的建議等信息，必要時請求他國兵力支援。

早在第一批護航編隊抵達亞丁灣時，中國海軍就向各國海軍和商船公佈了電子郵件地址、國際海事衛星電話。

「中國海軍護航編隊二月三日在亞丁港以西海區巡邏，一二一〇時在北緯 12°10′、東經 43°50′附近海區發現七艘可疑快艇，提醒過往船隻注意。」這是二〇〇九年二月三日，我編隊發給在亞丁灣各國海軍護航軍艦的電子郵件。

每天，中國海軍護航編隊都能通過電子信箱收到外國海軍艦機發來的

希臘海軍「普薩拉」號護衛艦上的「海鷹」艦載直升機
停靠我海軍首批護航編隊「武漢」艦

情況通報，同時也將自己掌握的可疑船隻活動情況向外通報。二十多個國家和組織的四十多艘軍艦通過信息資源共享，在這片危險海域構建起一張有效的信息網。

通過甚高頻、水星網，中外海軍建立了良好的協作關係，形成了情報信息通報機制，每天交換兵力位置、航行（飛行）要素、氣象預報、當面海區海盜活動情況等，及時通報本國護航兵力情況，協調兵力行動，有效防止可能出現的誤判。

▲ 來訪的北約海軍五〇八護航編隊指揮官與我特戰隊員進行交流

一五一特混編隊首任指揮官麥克奈特少將稱：「與中國海軍的電子郵件通信非常有趣，雙方在每天郵件中相互通報了各自軍艦的行動計劃和海盜活動情況，還就兵力組織等問題進行協商。」

北約海軍五〇八特混編隊指揮官奇克准將指出：「多國海上力量的區域護航和中國海軍的伴隨護航優勢互補。中國海軍在『水星網』論壇上公佈護航計劃，讓一些易受攻擊的高危商船申請加入到中國海軍護航編隊，幫了我們大忙。」

▎登艦互訪

　　隨著交流的深入，中國海軍護航編隊還與其他國家和組織的護航兵力多次互相邀請登艦會面，利用護航間隙開展登艦互訪，分享護航經驗，深化交流合作。

▲ 北約五〇八編隊指揮官西南・阿斯米・托遜少將應邀來到「青島」艦

二〇〇九年三月中下旬，中國海軍第一批護航編隊與美國海軍一五一特混編隊指揮艦「拳師」號兩棲攻擊艦、歐盟海軍四六五特混編隊指揮艦希臘「普薩拉」號護衛艦進行了指揮員之間的登艦互訪，相互參觀軍艦，了解雙方反海盜組織程序和實施方法。這是中國海軍與美、歐海軍首次在海外執勤中開展登艦互訪和多邊交流。

　　二〇〇九年三月十四日上午十一時三十分，應美國一五一編隊指揮官麥克奈特少將邀請，中國首批護航編隊指揮員杜景臣少將及八名中方軍官在曼德海峽附近，登上了美國一五一編隊旗艦「拳師」號兩棲攻擊艦訪問。

　　中美兩位指揮官並不是第一次打交道，此前兩艘指揮艦在海上會遇，兩位將軍已經通過甚高頻互致問候。因此，此次登艦會面，氣氛很融洽。

　　麥克奈特將軍首先介紹了一五一編隊的基本情況和多國海軍聯合反海盜的經驗。他指出，打擊海盜是國際社會的共同責任，需要各國海軍加強溝通協調，美方希望加強與中方的交流合作，共同維護亞丁灣海域的航行安全。

　　杜景臣將軍向美方簡要介紹了中方執行護航任務的情況，表示中美海軍前期在亞丁灣進行了良好的合作，美方提供的信息為中方海軍儘快熟悉情況並順利開展護航行動起到了很好的幫助作用，中方對此表示感謝。亞丁灣海域海盜活動猖獗，保證商船安全需要國際社會的共同努力，希望雙方繼續在平等互利和相互尊重的基礎上加強交流合作，增強協調與配合，增進了解和互信。最後，杜景臣將軍正式邀請麥克奈特將軍在四月五日換班離開亞丁灣之前訪問中國護航編隊旗艦「武漢」艦，麥克奈特將軍愉快地接受了邀請。

爾後，麥克奈特將軍陪同杜景臣將軍一行參觀了「拳師」號兩棲攻擊艦。十四時三十分，杜景臣將軍一行乘直升機返回「武漢」艦。

三月二十五日，也就是十天後，按照雙方約定，美國一五一編隊指揮官麥克奈特少將等一行八名美國海軍軍官對中國首批護航編隊旗艦「武漢」艦進行了回訪。

在此期間，三月二十一日，在亞丁灣東部 A 點附近，應歐盟四六五編隊指揮官希臘海軍帕排奧安拉准將的邀請，杜景臣將軍登艦訪問了歐盟四六五編隊旗艦——希臘「普薩拉」號導彈護衛艦。

三月二十八日，帕排奧安拉準將率領歐盟四六五編隊指揮所來自希臘、荷蘭、西班牙的三名作戰參謀軍官，對「武漢」艦進行了回訪。

此後，中國海軍護航編隊積極與俄羅斯海軍護航編隊、北約海軍五〇八護航編隊、韓國護航艦艇開展了登艦互訪交流。

二〇〇九年八月十一日，中國海軍第三批護航編隊指揮員、東海艦隊副司令員王志國少將一行訪問英國「康沃爾」艦，與北約海軍五〇八護航編隊指揮官、英國皇家海軍奇克准將進行會面交流，主動伸出友好之手。

「中國海軍護航編隊為什麼不走『國際推薦通行航道』，而把航線放到了平行『國際推薦通行航道』以北的五海里處？」面對奇克准將的困惑，王志國耐心解釋：「中國海軍護航編隊所採取的是伴隨護航，編隊龐大，『國際推薦通行航道』內的船舶較多，容易造成避讓困難。走『國際推薦通行航道』以北五海里處，航行比較順暢，也比較安全，我們也可藉助安全航道內的軍艦力量。同樣，安全航道內如果有商船遇到緊急情況，中國海軍護航編隊也可以提供幫助。」

無巧不成書。二〇〇九年十月三十一日十八時三十五分，中國海軍

▲ 兩名韓國海軍護航艦艇軍官正在「舟山」艦飛行甲板上觀看中國海軍特戰隊員戰術滑降
表演

「舟山」艦護航經過中國海軍三號巡邏區中部時，接到二艘外國商船報
告，稱其遇到疑似海盜小艇襲擊，位於「國際推薦通行航道」上，距離中
國護航編隊約十海里。

　　「舟山」艦立即組織艦載直升機攜帶特戰隊員前出至商船受襲位置搜
索。當時，韓國艦艇「大祚榮」號驅逐艦恰好也在附近海域，接到商船呼
救後，「大祚榮」號也派出直升機抵達出事海區。

　　經過中韓兩架直升機的密切協同、聯合搜索，很快將目標鎖定並共同
對目標實施了監控。後經查證，發現該可疑小艇是一艘正在作業的漁船。
雖然是虛驚一場，但中韓兩國護航艦艇密切配合、相互支援的做法，一時

▲ 韓國「山貓」直升機機組降落在中國海軍護航編隊「廣州」艦

在亞丁灣傳為佳話。

　　九月二十一日是聯合國確定的「國際和平日」，二〇〇九年的這一天，中國海軍護航編隊通過多國海軍交流護航信息的論壇網頁，向在亞丁灣、索馬里海域執行護航任務的各類組織、各國軍艦倡議：共同應對索馬里海盜的安全威脅，共同維護亞丁灣、索馬里海域安寧與穩定，共創和諧平安的黃金航道。

　　二〇〇九年十一月二十二日，中國海軍護航編隊的兩名軍官進駐荷蘭「埃沃特森」艦，與此同時荷蘭兩名軍官進駐「舟山」艦，拉開了兩國海軍青年軍官在亞丁灣駐艦考察交流的序幕。在為期兩天的考察交流中，青

▲ 中國海軍第三批護航編隊兩名青年軍官進駐荷蘭軍艦進行交流

年軍官成為了傳遞友誼的使者。

　　事實上，自二〇〇九年一月中國海軍開始在亞丁灣、索馬里海域執行護航任務以來，中國海軍與各國護航艦艇的登艦互訪已經常態化。據統計，僅中國海軍第三批護航編隊就與外軍護航艦艇開展了登艦會面十一次、聯合護航二次、聯合演練一次，互派青年軍官駐艦考察二天。

聯合反劫持

俗話說，一回生，二回熟。通過友好交流，中外海軍不但加深了彼此的理解和信任，分享了成功經驗，增進了友誼，而且促進了互惠互利的務實性合作。

▲ 荷蘭皇家海軍德‧魯伊特爾號指揮官麥克‧海加馬斯準將一行訪問中國海軍「舟山」艦

二〇〇九年八月十四日清晨，一陣急促的呼救聲傳到正在執行護航任務的中國「徐州」艦上，土耳其籍「ELGIZNUR CEBI」號商船船長聲音發顫：「我船遭遇海盜襲擊，一艘高速行進的小艇正向我開槍射擊……」話還沒完，通話中斷，怎麼呼叫都沒有應答。

　　情況緊急！「徐州」艦立即發佈「一級反海盜部署」。頓時，艦上鈴聲大作。航海部門對目標進行標繪，直升機組和特戰隊員快速奔向戰位……十二分鐘後，直升機搭載著二名特戰隊員和一名偵照取證人員飛向事發海域。

　　快！快！快！直升機機組人員明白，一旦海盜登船劫持人質，後果不堪設想。有著二十五年飛行經驗的齊向龍機長，憑著嫻熟的技術，很快在大海上發現了「ELGIZNUR CEBI」號商船。

　　一千米，五百米，三百米……直升機一個大側身，開始抵近偵察。齊向龍納悶，怎麼不見海盜小艇的影子？不祥的預感湧上他的心頭：難道商船已被海盜劫持了？

　　在直升機盤旋商船上空兩圈後，大家發現商船安然無恙。海盜哪裡去了呢？機組人員正在納悶時，遠處的一個小亮點引起了他們的注意。追！齊向龍一推駕桿，直撲而去。

　　在距事發海域二海里處，特戰隊員發現了一艘快速行駛的小艇。隨著直升機越飛越近，機組人員發現小艇上有六名持槍男子，艇中央放著一個梯子。機組人員初步斷定為海盜小艇。就在此時，一架標有德國國旗圖案的直升機進入了機組人員的視野。

　　「是歐盟四六五編隊的『山貓』直升機。」機長齊向龍很快做出判斷，並迅速轉向，繞到海盜右後方，兩架直升機默契地在空中形成了對海

盜小艇的包圍。海盜小艇見勢不妙，立即加大馬力逃竄。

正當中方準備開槍示警時，三顆紅色信號彈突然在空中開花。機長齊向龍頓時明白，「山貓」直升機準備對海盜船實施火力打擊，於是立即將飛機拉起。「啪，啪，啪……」「山貓」直升機很快便用機槍在海盜小艇前打出一條攔阻線，囂張的海盜小艇這才停了下來。

看見海盜們紛紛抱著頭站在甲板上，齊向龍長長舒了一口氣。這時，遠處的一艘歐盟軍艦正向海盜船駛近。鑑於「山貓」直升機已控制局面，「徐州」艦正在十二海里外單獨執行護航任務，在完成偵照取證後，齊向龍駕機返航。經過「山貓」直升機時，機上的飛行人員打出「V」字手勢，並揮手向中方致意。

「一方有難，八方支援」。同樣，在中國商船需要幫助的時候，外國海軍也積極提供援助。

二〇〇九年十月十九日，中國商船「德新海」輪在印度洋塞舌爾群島附近被索馬里海盜劫持，事發時該商船距我護航艦艇編隊有一千多海里。由於中國海軍護航編隊與外軍護航艦艇建立了良好的合作關係，歐盟海軍四六五編隊、美國一五一特混編隊、北約海軍五〇八編隊積極主動向中國海軍護航編隊提供相關信息和支援。歐盟海軍四六五編隊在「德新海」輪遭劫持後，及時將其巡邏機拍攝的「德新海」輪最新照片通過「水星網」論壇傳給中國海軍護航編隊，並在十一月八日訪問中國「舟山」艦時當面提供了「德新海」輪十一月七日位於霍比奧港外錨地的最新照片等資料。

二〇一〇年十一月十八日至二十日，中國海軍營救「泰安口」半潛駁船的過程中，法國「夏爾‧戴高樂」航母編隊向中方通報了「泰安口」的位置，尤其是美盟一五一編隊，在行動全過程給予中方積極、主動、準確

▲ 歐盟海軍四六五護航編隊一行訪問「舟山」艦

的信息情報支援，不僅協調了當時位事發海域的「劉易斯‧克拉克」號輔助船監控海區，還調動了二百海里以外的「溫斯頓‧丘吉爾」號驅逐艦高速趕赴事發海域，並在距一百海里的位置派出直升機前出，及時查明情況並主動通報我方，為中國海軍正確定下決心提供了有效的信息支援。

二〇一一年五月五日，中國香港「富城」輪遭到海盜登船襲擊，船上二十四名中國船員都已經躲入安全艙。中國海軍「馬鞍山」護衛艦和「千島湖」補給艦奉命高速駛往事發海域組織營救。

然而，中國海軍護航編隊所在位置距「富城」輪一千二百八十海里，即使全速航行也需要五十多個小時才能趕到！

危難之際，中國海軍第八批護航編隊緊急協調附近海域的外國護航艦艇和飛機提供支援，很快與北約五〇八編隊土耳其「吉雷松」號護衛艦及多國海上力量一五一編隊建立聯繫，距離「富城」輪最近的「吉雷松」艦立即高速前往事發地點。緊接著，印渡海岸警衛隊巡邏機、意大利海軍「東風」號護衛艦、美國海軍「邦克山」號巡洋艦等也相繼趕赴事發海域……

　　經過五個多小時高速行駛，土耳其「吉雷松」艦最先抵達事發海域。經過與中方協調，「吉雷松」艦派出特戰隊員登上「富城」輪，成功解救了二十四名遇襲船員。

　　歷史總有驚人的巧合。就在土耳其「吉雷松」艦全力營救「富城」輪的同時，中國海軍第八批護航編隊「溫州」艦，也在亞丁灣海域成功驅離一艘追擊過往貨輪的海盜船隻，被追擊的貨輪上就有二十名土耳其船員！

　　無獨有偶。二〇一二年四月六日，中國「祥華門」商船在伊朗海域突遭海盜襲擊，海盜已經登船，船員被劫為人質。中國海軍第十一批護航編隊奉命高速駛往事發海域組織營救。

　　然而，對於遠在一千多海里之外的中國海軍護航編隊來說，即便用最快的速度趕往事發地，也需要三十多個小時。

　　中國海軍積極協調國際海上力量實施武力營救。伊朗海軍出動了軍艦和飛機，在多國海軍的支援之下，九個小時後，「祥華門」商船得到成功營救。

聯合護航

　　通常，在亞丁灣實施獨立護航的國家海軍派出的戰鬥艦艇為一至二艘。從戰術計算上講，單艘軍艦的護航能力是存在數量上限的，即每批編隊最多不能超過多少艘商船，否則，被護船舶就可能存在被海盜襲擊和劫持的安全隱患。在參護商船較多、船隊龐大時，多國海軍實施聯合護航是一種明智的選擇。

　　二〇〇九年九月十日，中國「舟山」艦與俄羅斯「特里布茨海軍上將」號大型反潛艦在亞丁灣舉行了聯合護航行動，安全護送了十八艘各國商船。這是中國海軍護航編隊首次與外國海軍實施聯合護航，揭開了與外

▲ 中俄海軍聯合護航

國海軍開展合作的新的一頁。

　　中俄雙方克服了語言交流障礙等困難，精心組織、密切協作，共同制定了九個聯合護航實施方案，細化了應對海盜威脅、查證可疑目標、被護商船突發故障等突發情況的處置預案，並按照區域和時間對護航任務進行了分工。

　　十日十七時三十分，「舟山」艦飛行甲板上，鮮豔的五星紅旗和俄羅

▲ 我第三批護航編隊「千島湖」艦給俄羅斯大型反潛艦補給

斯國旗格外奪目。隨著司儀用中俄兩種語言宣佈：「中俄聯合護航啟航儀式現在開始！」雄壯嘹喨的中俄兩國國歌在廣闊的海面上響起。

俄羅斯海軍護航編隊指揮官、東北武裝力量集群第一副司令謝爾蓋・阿廖克明斯基少將和中國海軍第三批護航編隊指揮員王志國少將分別致辭，共同表示：中俄聯合護航是中俄兩國海軍友好交流與合作的一件大事，是中俄海軍首次在遠海聯合執行非戰爭軍事行動；共同應對海上安全威脅，是中俄兩國軍隊、兩國海軍誠信和友誼的具體體現。

中俄雙方還各自為被護船舶製作了由兩國護航編隊指揮員親筆簽名的聯合護航證書，發給每艘被護商船的船長。

十七時四十五分，由「舟山」艦與「特里布茨海軍上將」艦組成的聯合護航編隊護送著十八艘商船起航。

護航中，「舟山」艦和「特里布茨海軍上將」號軍艦在茫茫大海航行中配合默契。它們時而分別從船隊兩側前後方伴隨航行，時而交替前出警惕地巡視著船隊航行的海域。雙方直升機按照約定的空域盤旋逡巡，龐大的編隊猶如一條海上長龍，兩國軍艦彷彿就是那堅實有力的雙翼。護航期間，雙方艦載直升機多次進行聯合巡迴警戒，中方直升機巡邏警戒十四架次共三小時三十三分，俄方艦載直升機巡邏警戒十二架次。

聯合護航時中俄雙方採取分段指揮的方式，前半段由中方指揮，在護航編隊抵達國際推薦航道中點時，與俄方進行了指揮關係交接。

護航期間，中俄雙方進行了指揮、通信等方面的密切協作，加強反海盜情報信息的共享和交流，俄方向中方通報了其掌握的海盜電臺通信情況，中方也向俄方通報了相關護航信息與情報。

如果說，聯合護航是直接合作方式，那麼，班期協調則是間接合作方

式。不管何種方式，各國海軍都有一個共同目的：確保亞丁灣航行安全。

實踐證明，獨立護航國家的海軍採取的伴隨護航方式是安全可靠的。在亞丁灣東西兩端設立匯合點，將商船組成編隊，護航軍艦全程伴隨以統一航速（一般為 12 節）、航向集體通過亞丁灣。

但這種方式也存在問題：獨立護航就好像公共汽車站發班車，由於各國海軍單獨公佈每月護航計劃，在班期設置上容易出現空擋或者擁擠，有的時候間隔一兩天「沒車坐」——在匯合點沒有海軍艦艇護航，商船必須耐心等待，耽誤了船期；有的時候一天之內「班車太多」——在匯合點多個國家的海軍艦艇同時護航，商船不知道選擇哪個國家的海軍護航編隊。

為了方便商船，減少資源浪費，合理使用護航兵力，從二〇一一年開始，中國海軍積極與有關各方溝通、協調，與印度海軍、日本海上自衛隊建立了護航班期協調制度。

二〇一二年一月，中國作為首輪護航班期的協調參照國，及時公佈了二〇一二年度第一季度護航班期，印度、日本據此調整了本國的護航班期計劃，從而形成了統一且間隔有序的護航班期。

二〇一二年一月至三月，中、印、日三國每月共安排護航班期二十九次，其中中國十次、印度十次、日本九次，首期護航班期的協調成功實施。根據安排，印度、日本依次輪流擔任二〇一二年度第二季度、第三季度護航班期協調的參照國。

這種班期協調機制實現了各國護航資源的統籌協調，提高了護航效率，受到各有關國家、國際組織和船運界的充分肯定。目前，另有其他獨立護航國家也希望加入這一協調機制，相關協調工作正在按計劃進行。

▍聯合演練

　　為了增強反海盜聯合作戰能力，密切雙方的合作，護航期間，中國海軍護航編隊先後與俄羅斯護航編隊、美國一五一編隊舉行了聯合演練。

　　二〇〇九年九月十八日，中國海軍第三批護航編隊與俄羅斯海軍護航編隊，在亞丁灣西部海域進行「和平藍盾-2009」聯合演習。這是中國海軍在亞丁灣執行護航行動中首次進行的國際實兵軍事行動合作，具有開創性意義。

　　演習包括兩國護航編隊的溝通聯絡與會合、編隊機動變換隊形、旗語

▲ 中國海軍第三批護航編隊「舟山」艦一名中國海軍戰士正在通過望遠鏡觀察「特里布茨海軍上將」艦的旗語

通信、航行補給、直升機與艦船協同查證可疑船舶、副炮對海射擊、聯合海上閱兵等七項內容。

　　共同查證可疑船隻演練時，前方俄「特里布茨海軍上將」號大型反潛艦，發出「左舷十五度一艘可疑船隻，馬上查證」的警報，中俄雙方同時啟動一級反海盜部署，我艦小艇迅速出擊，很快完成對其外圍控制和目標偵察。

▲ 中美雙方特戰隊員配合搜索

火炮射擊時，俄艦放出的圓柱靶標粗不足半米、高不過一米，二海里外瞄準，難度可想而知。我艦射手對著波浪中時隱時現的靶標，一陣炮射，直中目標。

俄方軍官感嘆地說：「中國海軍高超的戰術和良好的素質，給追求完美的俄羅斯海軍留下了深刻而美好的印象。」

二○一二年九月十八日，亞丁灣某海域，隨著中國海軍第十二批護航編隊「益陽」艦和美海軍第五五編隊「溫斯頓·丘吉爾」艦漸漸犁浪駛近，中美兩國海軍開始了雙方在亞丁灣護航以來的首次聯合反海盜演練。

當地時間上午十一時，雙方指揮官在「益陽」艦會面並達成共識，由「溫斯頓·丘吉爾」艦模擬「丘吉爾」號可疑商船，雙方各十八名特戰隊員混編組成兩支水面突擊隊，分別由雙方輪流指揮，從「益陽」艦搭乘小艇，對「丘吉爾」號商船實施登船臨檢。期間，「益陽」艦艦載直升機擔負空中警戒任務。

十三時，「益陽」艦按計劃啟動一級反海盜部署，戰鬥警報聲響起。數名艦員組成火力支援組，趴在四十多度高溫的甲板上，警惕地觀察著「丘吉爾」號商船；直升機迅速升空並占領有利陣位，嚴密監視「丘吉爾」號商船四周……

「益陽」艦飛行甲板上，三十六名中美特戰隊員按照火力組、控制組、查證組的登艇順序依次排列，整裝待發。雖然膚色不同、語言不同，但懷著維護亞丁灣和諧安寧的共同目的走到一起的中美兩國海軍官兵們，友好地相互幫著檢查裝備，打著手勢進行交流。

十三時十分，第一水面突擊隊通過艦舷軟梯換乘小艇，迅速向「丘吉爾」號商船接近。駐足「益陽」艦遠眺，茫茫大洋上，戰艦、小艇、直升

機組成一道立體戰陣，將可疑商船牢牢釘在原地，不敢有絲毫異動。

十三時三十分，第一水面突擊隊火力組抵達「丘吉爾」號商船右舷，現場指揮員飛利浦‧考克斯上尉迅速指揮三名美方隊員和三名中方隊員從商船中部交替登船。隨後，他們立即展開搜索隊形，交叉掩護著向駕駛室方向搜索前進。進入駕駛室後，隨後登船的控制組迅速控制駕駛室人員，查證組立即對「商船」文書資料進行核查。

既是並肩戰鬥，也在同臺競技。第一水面突擊隊的精彩表現，讓第二水面突擊隊隊長、中方特戰隊員李振華中尉暗自叫好。但細心的李振華發現，第一水面突擊隊隊員攀爬商船時，由於前面幾個身材高大的隊員動作較慢，影響了整體速度。出發間隙，李振華按照攀爬速度先快後慢的順序，對突擊隊隊員登船順序做了微調。結果，攀爬商船時果然快了不少。

李振華看似微小的臨機調整，讓本突擊隊的九名美方隊員欽佩不已。他們清楚，登船時分秒的延誤，或許就會導致一次反海盜戰鬥的失敗！

商船疑雲密佈，演練步步驚心。第二水面突擊隊隊員登船後，火速控制了艦橋附近的主要通道，並相互掩護對艙室展開搜索。

雖是首次合作，但訓練有素的雙方士兵憑藉過硬的訓練基礎和良好的戰術意識配合得十分默契。「Cover me（掩護我）！」在內艙通道一處拐角，中國特戰隊員張本洲做了個輕拍頭盔的動作，兩名美軍士兵隨即迅速跟進並占據有利地形，掩護張本洲快速通過。

突擊隊順利完成搜索，在「丘吉爾」號商船駕駛室發現四名可疑船員，並由控制組集中看管。檢查航行文書、物資裝載情況、核實船員身分……查證組的美軍士兵對查證遊刃有餘，其豐富的經驗和敏銳的洞察力，讓中方隊員心悅誠服。

演習回顧時，雙方觀摩人員認為，中美特戰隊員的表現各有優長。雙方還表示將加強護航國際合作，共同維護亞丁灣的安寧！

▌國際護航研討會

　　亞丁灣、索馬里海域海盜活動形勢不斷發生變化，定期召開會議，分析形勢，查找問題，研究對策，分享經驗，深化合作，是各國護航海軍和國際組織共同應對海盜威脅的有效途徑。

▲ 中國海軍首次國際護航研討會會場

二〇一二年二月二十三日，由中國海軍發起和舉辦的國際護航研討會在南京海軍指揮學院舉行。來自歐盟、北約、多國海上力量、波羅的海國際航運工會等四個國際組織，以及巴林、法國、德國、印度、意大利、巴基斯坦、沙特、英國、美國和中國等二十個國家的九十七名代表，圍繞海盜形勢和情報信息工作、武力解救經驗、海上兵力行動組織、護航法律問題和護航保障等領域議題，採用經驗交流、專業研討和分組討論等方式，進行了為期二天的研討。

　　中國海軍副司令員丁一平中將出席會議，並發表大會致辭，引起與會代表熱烈反響。

　　來自不同國家和組織的海軍代表暢所欲言，討論熱烈，達到了增進了解、交流經驗、深化合作的目的。

　　「沒有哪一個國家能夠單獨執行維護海洋安全的重任」，這是會議期間各國代表的共識。地處印度洋西北部的亞丁灣海域廣闊，如僅靠各國海軍艦艇各自為戰，無異於杯水車薪，很難完成護航任務。

　　土耳其海軍哈里斯・圖恩克少校說：「近年來，各國反海盜的力量不斷增強，海盜作案手段詭計多端，而且花樣更新。多國海軍相互分享護航經驗，深化護航合作勢在必行！」德國國防部聯合作戰處處長托馬斯・舒爾茨海軍上校則明確表示：「面對目前的情況，無論對哪支護航力量來說，加強彼此之間的深度交流與合作，不僅必要而且非常重要。」

　　繼續深化交流與合作成為大會的呼聲和期待。曾二次率領護衛艦參加亞丁灣、索馬里海域護航的新加坡海軍第三支隊司令陳開章上校指出，新加坡海軍在組織指揮、信息共享等方面與其他一些國家艦艇實現了一定合作，但仍遠遠不夠。新加坡致力於與中國、俄羅斯、印度等國海軍的深度

▲ 希臘海軍「普薩拉」號護衛艦與我海軍首批護航編隊「武漢」艦行駛在亞丁灣上

合作，共同維護亞丁灣、索馬里海域安全穩定。

多國海上力量法律顧問卡羅琳‧坎亞中校、巴基斯坦海軍學院副院長哈希姆‧扎拉中校在發言中真誠地表示：感謝中國舉辦這次研討會，希望中國能繼續搭建這樣的深度交流與合作的平臺。

歐盟海軍參謀長菲爾‧哈斯拉姆上校指出，這次會議更加明確了我們

的共同目標以及各自可以發揮的作用，有助於推進務實性合作。

從反海盜信息共享、指揮員登艦互訪，到聯合護航、聯合演習、互派軍官駐艦考察，再到牽頭組織召開國際護航研討會，為深度合作搭建新平臺，中國海軍以開放、自信、合作的姿態，與世界各國海軍一道，為維護亞丁灣的和平安寧，作出了自己的巨大努力，取得了世人矚目的重要成就。

可以預測，隨著護航的常態化和長期化，中國海軍與各國海軍交流與合作的力度將進一步加大，次數將進一步增多，領域將進一步拓展，內容將進一步務實。

第五章

中國海軍護航官兵生活

護航伊始，外界很多人都好奇：中國海軍遠赴近萬公里之外的亞丁灣、索馬里海域執行護航任務，每批護航往返需時五至六個月，艦艇空間狹窄，遠洋補給困難，護航任務繁重，生活單調枯燥，中國海軍護航官兵生活得怎樣？他們如何保障飲食？有什麼文娛活動？如何進行體育鍛鍊？如何與家人聯繫？如何靠港休整？……

坦率地講，如果您向剛剛開始執行第一批護航任務的中國海軍官兵問這些問題，可能他們也沒有令您滿意的答案。因為中國海軍走出國門這麼長時間、在這麼遠的海域執行海外軍事任務，他們還是第一次；實際上，絕大多數官兵也是第一次「出國」。

沒有經驗可以借鑑，沒有章法可以遵循，中國海軍護航官兵不斷摸索、不斷總結，用他們的忠誠、勇敢和智慧，逐步創立了「海上為家、陸上做客」的護航生活模式。

▌護航沒有讓女人走開

　　一句「戰爭讓女人走開」，曾經讓無數男兒豪情萬丈，也讓無數女子黯然神傷。然而在中國海軍護航編隊中，有一個特殊的群體：在親人的眼中，她們可能是父母的女兒、丈夫的妻子、孩子的媽媽；在世人的眼中，她們卻與男性官兵沒有區別，她們是海軍軍人——海軍通信兵、雷達兵、

▲ 快樂的護航女兵

操舵兵、醫護人員、工程師、機要參謀、文化幹事、翻譯……她們和男軍人一樣，經歷意志的磨練和考驗，認真履行崗位職責，維護亞丁灣的和平與安寧。

我的媽媽在護航

在首批赴亞丁灣護航的八百多名將士中，來自解放軍第四二五醫院的護士胡愛霞和彭花花是僅有的兩名女官兵。由於任務需要，胡愛霞和彭花花連續執行第一批、第二批護航任務，時間長達二百四十三天，創立了中國海軍女性官兵海上執行任務最長時間記錄。

至今，胡愛霞仍清楚記得那天得知要去護航後她與女兒的對話。

「媽媽要到一個很遠的地方去執行任務，你在家要乖，聽爸爸的話，好不好？」胡愛霞在接孩子回家的路上對女兒說。

「為什麼別人的媽媽不去，要你去？」三歲多的女兒有些好奇。

「因為媽媽是海軍軍人，那裡需要媽媽。」胡愛霞看著女兒，認真回答。

「那你要去多長時間？」

「可能半年多。」胡愛霞不願意對女兒撒謊，如實地告訴了女兒。

「我不要媽媽去！我不要媽媽去！」孩子一聽說要離開媽媽半年多，一下子抱住了媽媽的腿，邊哭邊喊。

面對可愛天真的孩子，胡愛霞無言以對……

啟航那天，丈夫和女兒到碼頭為胡愛霞送行。臨行前，女兒突然從書包裡拿出一把水果刀，塞給胡愛霞，表情嚴肅地說：「媽媽，帶把刀吧，要是遇上海盜可以防身。」看著女兒認真的表情，胡愛霞一把抱住她，眼

淚奪眶而出……

天下哪有父母不牽掛自己的孩子？哪有遠行的兒女不眷戀自己的家人？哪有年輕的心靈不渴望愛情的甜蜜？

中國有句古話，「將士受命之日，則忘其家；臨陣之時，則忘其親；擊鼓之時，則忘其身。」身為一名軍人，從選擇穿上軍裝的那天起，胡愛霞心裡就清楚地知道，作為軍人，從接到命令的那一刻起，他們就已經不僅是孩子的父母、妻子的丈夫、父母膝前的兒女。那一刻，他們是戰士，屬於國家和軍隊。

護航期間，胡愛霞和彭花花始終用精湛的技藝和細心的呵護，守護著官兵們和船員的健康，得到人們的一致好評。

二○○九年二月一日，香港「歡達」號貨輪實習船員陳帥在打開機艙導門時，左手食指關節不慎被天窗砸裂。胡愛霞乘坐小艇，與醫療小分隊其他戰友一道，到「歡達」號為病人量血壓、注射抗感染藥物及止血針劑。經過一個多小時的緊張救治，陳帥終於轉危為安。

二○○九年四月三十日，護航編隊接到「振華4號」商船的求助後，命令醫療隊迅速出診。胡愛霞隨醫療隊冒著風浪乘坐小艇緊急出診，登上「振華4號」，成功搶救了一名患有耳鳴性眩暈、已連續六天未進食的船員。

閒暇時間，胡愛霞和彭花花或走進艙室為官兵做心理疏導，或走進炊事班煮炸烹炒「亮亮手藝」，還自告奮勇擔任文藝活動節目主持人。彭花花一直是「微山湖」艦大大小小晚會的「明星」，從報幕到串詞再到現場調節氣氛，水平都相當專業。她那甜美的嗓音，時時都能引起官兵的共鳴。兩位白衣天使既為護航官兵帶來了平安，又為緊張單調的護航生活增

▲ 中國海軍第三批護航編隊「舟山」艦護士邵小琴正在醫務室為海軍戰士測量血壓

添了一抹亮色。

五月十二日國際護士節來臨時，胡愛霞和彭花花收到了一張戰友們自製的電子賀卡，上面寫著：「祝亞丁灣上的『南丁格爾』節日快樂！」護航結束，胡愛霞被護航編隊評為「十佳護航尖兵」，她和彭花花都榮立了三等功。

在亞丁灣上，參加遠洋護航的不但有女醫生和護士，還有一群以戰鬥員身分參加獨立值更任務的女兵們。

金花綻放亞丁灣

在中國海軍第七批護航編隊八百多名官兵中，有一個特殊的女兵群

體，她們是中國海軍第一批列入艦艇戰鬥值班崗位的十四名女艦員。她們有一個共同的特點，都是大學畢業生或者在讀大學生，稱為大學生士兵。

熟悉海軍歷史的人們知道，當今世界主要國家的海軍艦艇都編制有女艦員，執行遠洋訓練和作戰任務。一九九一年三月，中國海軍十七名女醫務人員首次登臨「南方」號醫療船，開創了一個時代記錄。之後也陸續有女官兵隨艦執行任務的記錄，但她們主要承擔的是醫療、翻譯和文化等服

▲ 第七批護航編隊執行護航任務的女兵在「千島湖」艦駕駛室值更

第七批護航編隊女兵章岩在班長指導下學習旗語

務保障工作，在艦艇戰鬥崗位上還沒有女兵加入。

二〇一〇年六月，海軍決定在第七批護航編隊 3 艘艦艇戰鬥值班崗位編入女艦員，通過遠洋護航來培養訓練艦艇女兵，擔負作戰值班任務。

二〇一〇年九月，擔負選拔訓練任務的東海艦隊採取個人申請、上級審查的方式，經過面試、體能、體檢和基礎知識考核，從多個單位數百名女兵中挑選了十四名綜合素質優秀的女兵，編入海軍第七批護航編隊艦艇的信號、報務、雷達、操舵、帆纜等崗位，組成了海軍護航編隊首個建制女兵班。

對於每一個初次出海的人來說，「交公糧」的經歷大概都是刻骨銘心的。

出海第三天，編隊航行到達南中國海，浪花飛捲、海鷗翱翔的浪漫海洋在這裡突然變了臉色，洶湧的海面掀起四至五米高的大浪，一個接一個向軍艦打來，起伏巨大的暗湧托舉著軍艦忽上忽下。

船體鋼板發出的「吱吱」聲，海水打到舷窗的拍擊聲，以及各種東西七歪八倒的「乒乒乓乓」，嚇得好幾個女兵蜷在床頭睡不著覺。起床的鈴聲響過之後，前一天還提前起床，東看看西瞅瞅的女兵，今天一半的人都起不了床了。頭暈、噁心、嘔吐……一系列當一名水兵的必修課相繼襲來。

為了讓十四名女兵早日馳騁大洋，中國海軍第七批護航編隊將十四名女兵分成七個組五個專業，建立專業考核題庫，指定部門長和班長進行幫帶，完善跟班作業訓練制度。

護航期間，十四名女兵努力學習專業知識，苦練崗位技能，業務水平得到較大提升。在編隊嚴格組織的實操考核中，十四名女兵均取得良好以

上成績，順利通過專業實操考核，初步具備了獨立值更能力。

　　二○一○年十二月十七日，跟班學習了一個多月的女兵們迎來了第一次考核。在由艦長和資深老班長共同出題的理論考試中，十四名女兵筆試平均得分九十七分。

　　二○一一年一月二十五日，在「千島湖」艦駕駛室，海軍大學生女兵陳晨操縱舵柄，駕駛著萬噸軍艦撕開海面，穩穩航行在護航線上。至此，海軍護航編隊首批列入艦艇戰鬥值班崗位的十四名女艦員，全部初步具備獨立值更能力，寫下了中國海軍遠洋新紀錄。

　　她們用自己的汗水、能力和智慧證明：男兵行，女兵也行。

▲ 快樂「衝浪」

孩子取名叫亞丁

在中國軍隊中，軍人的妻子被稱為「軍嫂」；在中國遠洋船舶公司中，海員的妻子被稱為「海嫂」。對於中國海軍官兵的妻子而言，她們既有「軍嫂」的奉獻和付出，又有「海嫂」的牽掛和思念。

在中國海軍護航編隊的官兵們身後，有這樣一群女性，不論年長年少，她們都有一個共同的名字——軍嫂；不論工作多忙，她們每天都在深情凝望那片浩瀚——亞丁灣。她們把牽掛和思念深深地埋藏在心底，用自己柔弱的肩膀，挑起家庭的全部重擔，撫養子女，照顧老人，詮釋著厚重感人的家國情懷。

二○○九年一月十二日，兩個喜訊從國內傳到萬里之遙的亞丁灣：正在執行護航任務的「海口」艦機電部門的士官周施成和仲振波喜得貴子，時間僅相差一天！

喜訊像飄香的爆米花，在「海口」艦上炸開了鍋。指揮員特批兩人使用衛星電話越洋連線。

「你還好吧，兒子還好吧？」電話這頭是初為人父的激動，電話那頭，是新任母親的喜悅：「都好，都很好！你不用掛念，好好工作吧！」

接到愛人的電話，周施成一直牽掛的心放下了，幸福快樂寫滿臉上。「那就給兒子取名叫亞丁吧。」當著眾戰友的面，周施成緊握著話筒，說出了心中盤算已久的話。

平時不善言語的仲振波此刻雖有千言萬語想說，但他憋了半天，只說了一句：「等我回來，補償你！」妻子倒是落落大方：「替寶寶向護航的叔叔們問好！」

一旁的戰友們興奮地大聲叫喊：「嫂子，你辛苦了！要照顧好我們的小水兵！」

周施成和仲振波的妻子都在老家，兩對夫妻一直分居兩地。妻子懷孕後，一直自己照顧自己。兩人妻子的預產期都在二〇〇九年一月中旬。夫妻早就已經商量好，生產時丈夫休假，好好照顧妻子。

但在二〇〇八年十二月，部隊突然接到參加護航的任務。在國事與家事、「大家」與「小家」的權衡中，兩名戰士義無反顧選擇了執行護航任務。

周施成妻子周麗，在產前檢查中發現胎兒臍帶纏繞脖子兩圈，需要做剖腹手術。在中國的醫院，剖腹生產必須由產婦的直系親屬簽字。當醫生對周麗說：「讓你丈夫簽字吧！」周麗只能解釋說：「他爸爸在亞丁灣護航，大夫，這字我替他簽行嗎？」最後，周麗在手術責任書上，自己為自己的手術簽了字。

對於妻子的辛苦，周施成一直感到很愧疚。從艦艇起航的那一天起，就一直在腦子裡想著孩子的名字。就在編隊抵達亞丁灣首次執行護航任務的第一天早上，他突然想到「亞丁」這個詞，覺得既有紀念意義，唸起來又響亮，讓孩子永遠記住：他出生時，爸爸在亞丁灣護航，是媽媽單獨迎接他降臨人世，讓他感恩母親，也請他理解爸爸……

▌飲食保障

　　艦艇海上航行，如果長時間吃不好，缺少維生素，人的體質會下降，而且容易誘發各種疾病。六百年前，西方人因為遠洋航海常常患上一種「職業病」——壞血病，而在同一時期鄭和船隊七下西洋，每次往返時間

▲ 看著一批綠油油的蔬菜即將出庫，侯建設博士心裡喜滋滋的。

長達兩年左右，有時在海上連續航行數月，百餘艘戰船兩萬多人竟無一人身患此病。原來，鄭和船隊中設有專門的水船和糧船。在糧船上，除了裝載糧食和副食品外，還隨船帶有牛、馬、羊等牲畜，以及專門培育豆芽、製作豆腐的後勤保障人員。六百年後的今天，中國海軍遠海護航漸成常態化，飲食保障日益成熟、完善。

「蔬菜博士」

艦艇遠航，肉類、大米等主食存放時間長，一般不成問題。麻煩的是蔬菜供應，由於難以保鮮，時間長了就會爛掉。官兵缺少蔬菜，就會得口腔潰瘍等多種疾病。

目前，中國海軍護航官兵不僅能天天吃上鮮綠如初的時令帶葉青菜，而且蔬菜色澤、種類、營養成分絲毫不遜於陸上。官兵們都說，是保鮮新技術「綠」了他們的菜盤子，解決了海軍遠航蔬菜保鮮的難題。

海軍艦艇赴亞丁灣、索馬里海域執行護航任務，時間長，人員多，遠離後方保障基地。以前，由於一次性裝載蔬菜品種多、數量大、多品種混貯，再加上蔬菜包裝簡單、倒運環節多、冷藏裝置不科學，導致蔬菜保鮮期大大縮短，蔬菜保障難成為制約遠航戰鬥力的重要因素。

為解決護航官兵吃菜難的問題，中國海軍後勤部組織海軍某醫學研究所科研人員，研製出適合艦船冷藏的蔬菜保鮮新技術，形成了從採摘源頭、加工包裝、補給上艦以及艦上儲藏、管理等一套完整的艦船蔬菜保鮮流程。運用這項新技術，菠菜、小白菜等保鮮期可達四十天左右，油麥菜六十天還能鮮嫩如初，實現了護航官兵「餐餐有葉菜」的目標。

蔬菜保鮮看似簡單，但實施難度大，受到蔬菜品種、數量以及菜源、

▲ 為了保證官兵在護航期間每天都能吃到新鮮蔬菜，南海艦隊某保障基地首次採用了全程氣調包裝技術和菜庫負離子、臭氧發生器等保鮮方法，使大部分蔬菜的保鮮期可達二個月左右。

採摘時機、運輸包裝、補給上艦和貯藏溫濕度等諸多因素影響，特別是後期儲存時的溫濕度控制和科學保鮮管理至關重要。

突破這一難題的是一名「蔬菜博士」。他叫侯建設，浙江大學食品科學博士研究生、海軍某醫學研究所副研究員，被護航官兵親切地稱呼為「蔬菜博士」。

為了掌握第一手資料，侯博士參加了一批海軍護航。通過實踐摸索，根據先前的研究成果、軍人食物定量標準和蔬菜採摘後生物學特性，侯博士研究制定了涉及蔬菜種類選擇、先期預冷、氣調包裝、裝載運輸、冷庫

貯藏等各個環節的科學保鮮技術方案。

將蔬菜經過預冷處置後，按照每袋十公斤至十五公斤裝入特製保鮮袋，以配好的復合氣體置換袋內空氣後扎口，裝筐放入普通冷藏庫貯藏。侯建設研究的這種蔬菜保鮮方法，實現了蔬菜採摘後五十九天、航渡五十二天依然保鮮的新紀錄，為遠航水兵實現了「綠色夢想」。

「豆腐師傅」

儘管採取了科學的方法，蔬菜保鮮時間還是受限。當新鮮蔬菜和水果匱乏時，豆芽、豆腐、豆漿就成了官兵們保持營養、補充維生素的佳餚了。

發豆芽、做豆腐、磨豆漿，這些事在陸地上或許並不太難，但在海上卻非易事。

負責發豆芽的給養員周文就曾遭遇過「走麥城」。第一次發豆芽時，周文按照機器上的配方說明，將一定數量的綠豆和淡水放進機器，一心等著七十二小時後「收穫」。

然而，三天過後打開豆芽機一看，周文傻了眼：一箱豆芽個個發育不良，又小又黑，像小蝌蚪似的。幾番尋思後他想到，在陸地上發豆芽都是用淡水，而艦上平時洗菜用的是淡化海水。問題是不是就出在這裡？

幾天後，周文用淡水再發一次。三天後開箱，面前的豆芽雖然芽尖青翠，可根部卻發黃甚至枯爛。原來，豆芽的發育不僅對水質有著嚴格的要求，豆芽機內環境衛生也不能含糊，機箱內膽如果感染細菌，發出來的豆芽就不成型。

吃一塹，長一智。經歷了幾次不成功的嘗試後，周文逐漸摸清了豆芽

▲ 製作完成的鮮豆漿供官兵早餐享用

的生長習性，還琢磨出一些發豆芽的妙招，如開箱觀察、陳醋消毒、通風降溫等。現在，官兵每週都能吃上一兩頓新鮮綠豆芽或黃豆芽。白生生、青油油的炒豆芽，成為護航官兵餐桌上的搶手菜。

比起發豆芽，在艦上做豆腐要求更高。這項工作便落到了炊事班技藝最高的特級廚師劉正身上。

「豆腐好吃難製作。石膏、內脂等添加劑的含量必須適中、適時，放多了做出來的豆腐容易老，放少了又太嫩提不起，放早了口感發澀，放晚了會酸掉大牙……」講起做豆腐的心得，劉正頭頭是道。

航途中，有幸能吃上特級廚師烹調的麻婆豆腐、家常豆腐、炸豆腐、豆腐羹等傳統菜餚，品嚐到家鄉風味，實在是有口福。

如果說發豆芽、做豆腐是技術活，那麼磨豆漿可就是一件既費時又費力的辛苦活了。做一大鍋豆漿需要約五十斤豆子，從磨到煮一次需要兩個小時。特別是做早餐豆漿，需要頭天晚上選豆、泡豆，第二天一大早再磨、煮，因此，對炊事兵張男來說，「起早摸黑」是再恰當不過了。

軍艦不同於陸地，空間小、溫度高，海上航行時艦艇搖晃。有一次做豆漿，趕上軍艦在大風浪中航行，正當張男將煮好的豆漿盛出鍋時，軍艦突然向左一個十多度的大傾斜，半鍋豆漿頓時向他身上灑來，儘管及時躲閃，但大腿還是被燙傷一大塊。開飯時，看到大家美滋滋地喝豆漿，張男漸漸忘記了身上的累和痛。

「電子營養師」

二〇一二年四月八日，午飯時間，中國海軍第十一批護航編隊「青島」艦乾淨的水兵餐廳裡，官兵們聽著舒緩的音樂，輕鬆愉快地享用著色香味俱佳的「五菜一湯」。

「為了搞好護航期間的伙食，我們給炊事班配備的全都是取得證書的等級廚師。」「青島」艦軍需主任王燦說。海上護航要讓每一名護航官兵吃好，在餐桌上找到「媽媽的味道」。

「官兵吃得好，『電子營養師』功不可沒。」編隊後勤組組長周方曉告訴說，「電子營養師」是指軍人食譜軟件管理系統，可以根據人體營養素攝入、食譜定量、伙食費等要素，實現食譜自動生成、營養精確分析、搭配科學多樣，確保官兵護航期間伙食有營養，天天好胃口。

為解決吃的問題，中國海軍護航後勤組充分考慮艦艇上不同民族戰士的風俗習慣，廣泛徵求官兵意見，炊事班的同志隨時研究調整菜譜、改善

烹飪方法。

在餐廳通道的提示欄上，不僅詳盡地顯示著當日伙食供應的種類、數量，還有飯菜葷素搭配的熱量及人體攝入各種營養物質的數據。水兵廚房裡，絞肉機、烘烤箱等設施一應俱全，既能做包子、饅頭、麵包等麵食，也能燒雞翅、蒸海魚、燉燴菜，還能打豆漿、生豆芽、醃小菜。

二〇一二年七月，中國海軍第十二批護航編隊將菜譜從「週食譜」改為「日食譜」，每天六菜一湯，一週七天無重複，使護航官兵吃得更科學、更健康。

「日食譜」保障是東海艦隊後勤部艦艇飲食文化建設的一個創新，主要內容是將艦艇部隊原先一週訂一次菜譜、一週一次補給，改為每天訂菜譜、每天送菜保障。雖然這給負責食品採購、預加工和運送的後勤保障部

▲ 亞丁灣上別樣春節

門增加了很多工作量，但艦艇部隊可以根據訓練任務、天氣變化和臨時突發情況隨時調整食譜，保證官兵吃得更科學。

有了食品保鮮技術、定期靠港補給和大型綜合補給艦作支撐，護航編隊「天天定菜譜、日日可變通」變成了現實。

身為炊事班長，戴飄揚還有一項重要工作——訂食譜和補給單。海上航行時訂一週食譜，靠港補給則提前訂半個月的食譜。「訂補給單時要充分考慮蔬菜的存放、官兵口味等。補給的蔬菜有茄子、青瓜、辣椒等十幾個品種。」說起個中甘苦，戴飄揚深有感慨，「訂食譜難，比做飯難。眾口難調，食譜不能重複，大家喜歡吃什麼，不喜歡吃什麼，我都得了解。炒菜是體力活，這個是要動腦筋的，得從單調的品種中搭配出多樣化來。」

▲ 年夜飯

這次護航，編隊利用每次靠港休整補給的機會，及時補充一定數量的新鮮蔬菜。不僅如此，針對蔬菜不易儲存保鮮的實際，上級還專門給每艘艦艇配發了豆芽機、豆漿機，使護航官兵能夠在長達半年的遠海航行途中自己發豆芽、做豆腐、磨豆漿，增加伙食品種，改善飯菜質量。

在艦上每月例行的伙食測評會上，伙食調查滿意率均在百分之九十四以上。在「十佳護航尖兵」評選中，炊事班班長戴飄揚光榮當選。

「垃圾王子」

有人把軍艦比作「流動的城市」，這話一點不假，每艘軍艦生活著幾百號人，吃、住、行全在艦上，平均每天要產生出一百多公斤生活垃圾。這些垃圾如果得不到很好處理，將對航經的海域造成環境污染。

每天晚飯後，都可以看到一名戰士忙碌地處理全艦收集上來的生活垃圾。他叫周文，是「海口」艦導彈指揮儀班一級士官。在完成本職工作之餘，他負責護航期間全艦的海上垃圾處理，為此，戰友們給他起了個特別的名字：「垃圾王子」。

二十三歲的周文入伍前從湖南科技大學畢業，入伍後經海軍某訓練基地培訓後，又入海軍航空工程學院學習導彈專業。

一個擁有本科文憑的大學生士兵，當起了艦上的「垃圾王子」，這著實讓同年入伍的戰友和老鄉大跌眼鏡。「護航是履行國際義務，我做垃圾處理也是履行國際環保義務。」周文這樣說道。

處理艦上垃圾是一個繁瑣的過程：首先對全艦各部門收集上來的垃圾進行分類，紙箱、塑料瓶、易拉罐是「可回收垃圾」，紙箱壓扁、整齊碼好，塑料瓶、易拉罐壓扁、儲存。果皮、手紙、方便麵盒等為「不可回收

垃圾」，用垃圾處理裝置進行脫水、擠壓後，製成類似「壓縮餅乾」的固體垃圾。原本一百多公斤的餐廚垃圾，經過濾水、攪拌、沖洗、烘乾、壓縮等多道工序，最終僅剩不到十公斤。

為了對艦艇垃圾進行綠色環保處理，早在第一批護航編隊赴亞丁灣護航時，中國海軍的每艘軍艦都配備了可回收垃圾壓縮機、固體垃圾專用焚燒爐、生活污水真空處理裝置、油污

▲ 海軍第十一批護航編隊「煙台」艦在大洋之上積極開展艦員級裝備維護管理活動，使裝備始終處於良好狀態。

水處理裝置等多套標準化防污設備，制定了多項污染物處理方案，使艦艇的污染物排放達到國際標準，確保中國軍艦所到之處「留下一片潔淨的海洋」。

▌文化體育生活

　　護航任務強度高、節奏快、時間長，護航官兵長期處於高溫、高濕、高鹽度的海洋環境，極易出現疲勞、焦慮、失眠等生理心理症狀。對此，中國海軍護航編隊依託岸基信息資源和自身力量，屢出新招，開展了別具

▲ 「煙台」艦「水兵報業集團老總」需要親自編發稿件

特色的遠洋文化體育活動，讓官兵在娛樂中陶冶情操、排遣煩躁、保持戰鬥力。

越洋傳情

「烽火連三月，家書抵萬金。」在遙遠的亞丁灣，親人的一聲問候，猶如寂寞日子裡的「心靈雞湯」，深深滋潤著官兵的心田。中國海軍護航編隊依託海事衛星，廣泛開展越洋傳情活動。

每批護航前，海軍都要為任務艦艇加裝衛星接收終端和局域網，通過海政信息網絡中心，在官兵與親人間架起一座空中「連心橋」，護航官兵可通過專線與家人發信息、傳視頻，官兵們親切地稱之為「越洋傳情」。

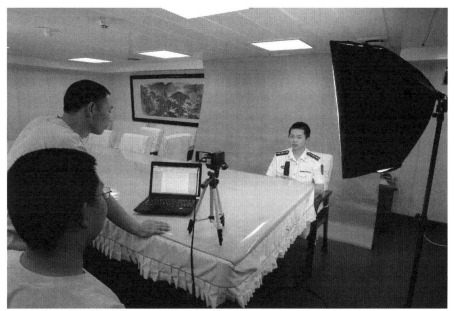

▲ 「煙台」艦「一號演播大廳」裡「一號男主播」

▲ 拼圖遊戲

　　「海口」艦上士周施成的妻子周麗分娩時，周施成正在亞丁灣執行首
批護航任務，是編隊「越洋傳情」活動讓周施成在第一時間聽到了兒子的
啼哭聲、看到了可愛兒子的錄像片。

　　每逢佳節倍思親。每年元旦、春節、國慶、中秋、建軍節等重要節
日，北京海軍指揮所大廳，海軍領導專門安排時間，分別與護航官兵進行
了越洋視頻連線。首長的親切關懷和溫暖話語，如縷縷春風吹拂在亞丁灣
上空，讓官兵倍感溫馨、倍增鬥志。

　　二〇一〇年十二月三十日，正在亞丁灣、索馬里海域護航的中國海軍
第七批護航編隊官兵與自己的親屬進行了視頻通話，以這種特殊的方式和
親人團聚，互道新年祝福。

北京、舟山、三亞和亞丁灣，此刻緊密地聯繫在一起。

「老公，你瘦了、黑了，但看上去更精神、更帥了！」崔曉蕾深情地盯著屏幕，激動地對正在執行護航任務的丈夫王岩磊說。

聽到崔曉蕾的話，圍在屏幕前的戰友們發出爽朗的笑聲。此刻，亞丁灣氣溫超過四十攝氏度，惡劣的海況和繁重的任務，並沒有消磨官兵的意志。在笑聲中，崔曉蕾等家屬感受到前方官兵的艱辛，並被官兵們以苦為樂的精神深深打動。

「老公，你身體還好嗎？還暈不暈船？」張俊莉關心地問。

「挺好的，我早就不暈船了。你放心！聽說北京降溫了，你和兒子一定要多穿點，小心感冒。我不在的時候你們一定要照顧好自己……」執行護航任務的趙海濤悉心地叮囑妻子。

兒行千里母擔憂。王立鑫的父母王福、何桂香早早守在屏幕前，等待著與兒子通話。這是入伍僅一年的王立鑫第一次隨艦執行遠洋護航任務。父母關切地問王立鑫：「艦上生活還習慣嗎？吃得怎麼樣？」

「爸媽放心，我們能吃上新鮮蔬菜，洗上熱水澡……」王立鑫自豪地說，「我一定好好幹，不負祖國的囑託，不負你們的期望。」

掌聲跨越大洋，激起了一朵朵歡騰的浪花，好似為護航官兵送去新年的祝福。

甲板運動會

二○一一年十月三日下午，正在執行護航任務的海軍第九批護航編隊「武漢」艦，利用護航間隙，舉辦了一場獨具遠洋護航特色的甲板運動會。運動會在官兵們如潮的喝采聲中拉開帷幕，隊員們個個摩拳擦掌、躍

▲ 甲板繩舞

躍欲試。

「人人都是參與者，個個都是運動員。」正在現場指導活動開展的編隊政工組組長唐忠平介紹說，甲板運動會是活躍護航生活的一種有效手段，比賽項目都與日常工作和生活密切相關，不管誰，只要有興趣都可參與，稱得上護航「全運會」。

「開始！」隨著裁判員趙金路一聲令下，搬罐頭比賽激情上演。每組選手要依次接力，將五個二十五公斤重的罐頭箱，從十米距離的一端搬到另一端，然後再回歸至原位。在如潮的吶喊聲中，兩隊隊員你追我趕，互不相讓，整個甲板一片沸騰。經過激烈比拚，海軍氣象中心工程師劉鐵軍帶隊的小組技高一籌，榮奪桂冠。

「鄒春寧，加油！加油，鄒春寧！」這邊，拉拉隊的喝采聲此起彼伏；「徐亞慶，好樣的！好樣的，徐亞慶！」那邊，觀戰者的助威聲一浪高過一浪。武器分解角逐在操舵兵徐亞慶和特戰隊員鄒春寧之間展開。

隨後，單套結、丁香結、吊板結等十種艦艇常用繩結比賽也緊鑼密鼓地進行。團體比賽的「硝煙」尚未散盡，個人競技的「大戰」又擺開陣勢。

方寸天地上演競技好戲，遼闊大洋激發護航豪情。十七時三十分，當
夕陽染紅海面的時候，獲獎選手捧著獎品悉數登臺亮相，官兵們再次報以
熱烈掌聲，甲板運動會也就此畫上圓滿句號。

　　遠海護航的生活對每個官兵的精神和毅力都是一個巨大的考驗，為豐
富官兵的業餘生活，中國海軍護航編隊的艦艇上經常組織一些文體活動。
遇到中秋、國慶、元旦、春節等重大節日，艦艇上會利用護航間隙，開展
豐富多彩的甲板聯歡晚會，有效地緩解了官兵的緊張心理，排解了思鄉情
緒。

亞丁灣上的「中國好聲音」

　　二〇一二年七月二十八日十九時三十分，霓虹閃爍的「益陽」艦，夜

▲「崑崙山」艦舉行大洋乒乓賽

▲ 護航編隊經常舉辦攝影比賽，豐富官兵生活，培養了一批攝影「發燒友」。

泊在如墨的亞丁灣。一臺以甲板為舞台、以大海為背景、以藍天作幕布的別樣卡拉 OK 比賽晚會精彩上演。

一首《紅旗飄飄》，拉開了海軍第十二批護航編隊慶祝建軍八十五週年「軍歌嘹喨、建功藍盾」卡拉 OK 比賽帷幕，官兵紛紛把青春夢想和對祖國的祝福化作最美的歌聲。

電工兵薛勇的一首《父親》，唱得自己和場下幾名戰友都淚眼盈盈。誰不想父母膝下盡孝，誰沒有揪心的家事？薛勇九年前離鄉當了一名艦艇兵，少了勞動力幫手的父親，就離開了農村到北京打工。他磨破嘴皮子勸父親回家安享晚年，父親反倒讓薛勇別操心家事，安心工作。

「我們曾經一起訓練，也曾一起摸爬滾打……」機電部門戰士何彥慶特意將《戰友還記得嗎》獻給同班戰友。近一個月來，他們班所負責的崗位髒活累活多，但是戰友們同甘共苦、攻堅克難，幹了許多漂亮活，還進一步結下深厚友誼。

《我愛這藍色的海洋》、《飛得更高》、《當那一天來臨》……唱完一首歌評一次分，但官兵似乎都不太關注得分和名次，各自沉浸在歌詞和旋律背後的家國情懷和護航故事裡。

二十一時十五分，特戰隊分隊長李振華一首《我的中國心》，為比賽劃上句號。他說，在遠離祖國的亞丁灣，每次護送祖國的商船，都為自己作為中國人而感到驕傲。

▲ 中國海軍第八批護航編隊舉行「嘹喨軍歌獻給黨」活動

▲ 大洋春晚

夜海又恢復寧靜，「益陽」艦再次起航。三小時後，李振華回到甲板開始站夜崗，《我的中國心》似乎還在耳畔響起，此時的祖國即將迎來新的太陽。

上岸休整

為了讓官兵們得到身心調整，中國海軍護航編隊艦艇每月靠岸一次，進行三至五天的人員休整和補給。

「贈人玫瑰，手有餘香。」在難得的休整時間裡，中國海軍護航官兵們除了外出觀光購物，還力所能及地開展慈善慰問活動。

二〇一一年十月五日，正在吉布提港休整的中國海軍第九批護航編隊指揮員、南海艦隊副參謀長管建國少將和十多名官兵代表，帶著書包、足球、電子錶，以及數十箱食品，冒著高溫酷暑，趕到當地巴爾巴拉區第九小學，慰問師生。

　　一路上，當一些吉布提市民看到中國海軍官兵的身影時，都友好地含笑致意，熱情地豎著大拇指高呼：「Good! China!」據陪同的中國駐吉布提大使館工作人員介紹，吉布提常年乾旱少雨，災荒不斷，是聯合國宣佈的最不發達國家之一，教育條件十分落後。自二〇一〇年以來，每次中國海軍護航編隊到吉布提停靠休整，官兵們都要來到當地的小學，看望學校師生，力所能及地幫助他們解決一些實際困難。

　　「歡迎，中國海軍！」「中國海軍，您好！」當護航官兵抵達學校時，早已等候在此的學校師生一擁而上，熱烈的問候聲此起彼伏。學校校長阿卜杜拉介紹，為了學說這兩句問候的中國話，孩子們練了整整一天。

　　「我代表中國海軍護航官兵來看望你們！希望你們好好學習、天天向上！」編隊指揮員管建國將軍把嶄新的書包親手遞給學生們後，輕撫著孩子的頭飽含深情地說。

　　「謝謝您，中國海軍；感謝您，友好的信使……」活動現場，六名可愛的吉布提小學生用甜美的童音，高聲齊唱著他們為中國海軍到來專門自編的兒歌，個個臉上流露出幸福的笑容。

　　「因為有雨水，沙漠才會有綠洲。你們把友誼的種子，種進孩子們的心靈，吉布提的沙漠，一樣會開很美的花！」面對前來慰問的中國海軍，作為學生家長代表參加慰問活動的當地一位部落長老大聲地讚美道。

　　「非洲的陽光像火，中國海軍的熱情，就像太陽一樣炙熱！」阿卜杜

拉校長動情地說。

自二〇〇九年一月以來，中國海軍在亞丁灣、索馬里海域的安全、高效的護航行動，為保護國際航運和人道主義物資運輸作出了重要貢獻，得到了中國和國際社會的廣泛讚譽和充分肯定。

根據中國海上搜救中心提供的數據，二〇〇九年一月六日至二〇一二年八月九日，中國海軍護航編隊共為四七五八艘船舶護航，其中百分之五十以上與中國進出口有關，按每艘船裝五萬噸貨物，累計貨物達一點四三億噸，相當於為每個中國人護送了一百多公斤進出口商品，大部分是與老百姓生活息息相關的石油、糧食、化肥等。

中國船東協會秘書長張守國感慨地說：「正是有了人民海軍護航，我們的航運企業和運輸船舶才免遭海盜侵害，船員生命安全才有了保障，國家的航運事業和國民經濟才能健康發展。」

聯合國秘書長潘基文指出：「中國海軍派艦艇赴亞丁灣護航，是對國際社會打擊索馬里海盜行動給予的有力支持，這體現了中國在國際事務中發揮的重要作用。」

曾經擔任美國一五一特混編隊指揮官的美國海軍史考特‧桑德斯少將這樣評價中國海軍的護航行動：當年的鄭和下西洋，因傳播友誼而聞名於世；今天的中國海軍護航，因反海盜而為世人所知。

二〇〇九年十一月二十三日，國際海事組織第二十六屆大會授予在亞丁灣、索馬里海域執行護航任務的中國海軍「武漢」艦、「海口」艦、「深圳」艦、「黃山」艦和「微山湖」艦「航運和人類特別服務獎」，授予中國海運（集團）總公司所屬「新歐洲」輪全體船員「海上特別勇敢獎」。

二〇一〇年一月，中國海軍赴亞丁灣、索馬里海域護航官兵當選

「2009年度中國航運十大人物」。

北約秘書長夏侯雅伯讚揚中國海軍的護航行動「對國際社會打擊海盜行動作出了重要貢獻」。

美國國防部指出：中國軍隊在國際維和、人道主義救援、救災和反海盜行動中作出了貢獻，美方對此表示歡迎。

▲ 第八批護航編隊官兵慰問吉布提巴拉巴拉小學，向他們贈送文具。

美國國防部長助理謝偉森在國會發表評論說：中國軍隊在索馬里的作為具有很大影響力，他們是非常專業的軍人，具有很棒的技術，並與包括美軍在內的其他國家海軍密切合作。

　　登上第八批護航編隊「溫州」艦訪問的美國國會參議員馬克・柯克說：很高興中國海軍成為國際反海盜行動中的一員，非常感謝中國海軍為保護國際船舶安全所做出的努力。

　　意大利海軍艦隊司令曼泰利中將表示：中國海軍為該區域的航運安全與和平作出了重要貢獻。

　　亞丁灣、索馬里海域護航行動，是中國海軍走向大洋邁出的第一步。中國海軍正以自己的行動實踐著建設「和諧海洋」的莊嚴承諾，這既是一個具有五千年歷史的愛好和平的民族的風範，也是一個負責任大國的勇敢擔當。

第一批護航編隊

起止時間	2008 年 12 月 26 日-2009 年 4 月 28 日
出發地點	海南三亞
護航兵力	導彈驅逐艦「武漢」艦
	導彈驅逐艦「海口」艦
	綜合補給艦「微山湖」艦
	2 架艦載直升機以及數十名特戰隊員，編隊共 800 餘人
編隊領導	指揮員　南海艦隊參謀長杜景臣少將
	政治委員　南海艦隊政治部副主任殷敦平少將
護航成果	共完成 41 批 212 艘中外船舶護航任務，解救遇襲船舶 3 艘，接護船舶 1 艘。在大洋上連續執行任務 124 天，開創了首次組織艦艇、艦載機和特種部隊多兵種跨洋執行任務、首次與多國海軍在同一海域執行任務並開展登艦交流和信息合作、首次持續高強度在遠離岸基的陌生海域組織後勤、裝備保障等海軍發展史上多個第一。

▌第二批護航編隊

起止時間	2009 年 4 月 2 日-2009 年 8 月 21 日
出發地點	廣東湛江
護航兵力	導彈驅逐艦「深圳」艦
	導彈護衛艦「黃山」艦
	綜合補給艦「微山湖」艦
	2 架艦載直升機以及數十名特戰隊員，編隊共 800 餘人
編隊領導	指揮員　南海艦隊副司令員廖志樓少將
	政治委員　南海艦隊副政委王世臣少將
護航成果	共完成 45 批 393 艘中外船舶護航任務，解救遇襲船舶 4 艘，接護 1 艘被海盜釋放的外國商船。回國途中訪問巴基斯坦、印度。創造了海軍航海史上首次成建制在國外休整等多項新記錄。「微山湖」艦連續執行兩批護航任務，創下中國海軍遠洋保障多項新紀錄。

第三批護航編隊

起止時間	2009 年 7 月 16 日-2009 年 12 月 20 日
出發地點	浙江舟山
護航兵力	導彈護衛艦「舟山」艦
	導彈護衛艦「徐州」艦
	綜合補給艦「千島湖」艦
	2 架艦載直升機以及數十名特戰隊員，編隊共 800 餘人
編隊領導	指揮員　東海艦隊副司令員王志國少將
	政治委員　東海艦隊政治部副主任溫新超少將
護航成果	共完成 53 批 582 艘中外船舶護航任務。回國途中訪問馬來西亞、新加坡，停靠香港。創造了首次和外軍展開聯合護航、首次在遠洋和外軍舉行聯合軍演等多項新記錄。

第四批護航編隊

起止時間	2009 年 10 月 30 日-2010 年 4 月 23 日
出發地點	浙江舟山
護航兵力	導彈護衛艦「馬鞍山」艦
	導彈護衛艦「溫州」艦
	綜合補給艦「千島湖」艦
	導彈護衛艦「巢州」艦（2009 年 12 月 21 日抵達亞丁灣加入護航編隊）
	2 架艦載直升機以及數十名特戰隊員，編隊共 700 餘人
編隊領導	指揮員　東海艦隊副參謀長邱延鵬大校
	政治委員　東海艦隊政治部副主任顧禮康少將
護航成果	共完成 46 批 660 艘中外船舶護航任務，成功解救 3 艘中外商船，接護獲釋船舶 4 艘。回國途中訪問阿聯酋、菲律賓，停靠斯里蘭卡。創造了首次依法登臨檢查、首次接護獲釋臺灣和外國商船等多項記錄。

第五批護航編隊

起止時間	2010 年 3 月 4 日-2010 年 9 月 12 日
出發地點	海南三亞
護航兵力	導彈驅逐艦「廣州」艦
	導彈護衛艦「巢州」艦
	綜合補給艦「微山湖」艦
	2 架艦載直升機以及數十名特戰隊員，編隊共 800 餘人
編隊領導	指揮員　南海艦隊副參謀長張文旦少將
	政治委員　南海艦隊政治部副主任陳儼少將
護航成果	共完成 41 批 588 艘中外船舶護航任務。回國途中訪問埃及、意大利、希臘、緬甸四國，停靠新加坡。創造了護航艦艇首次單艦隱蔽航渡至護航海域、首次實現海軍艦艇操縱指揮員、值更官全程實施雙語指揮等多項記錄。

第六批護航編隊

起止時間	2010 年 6 月 30 日-2011 年 1 月 7 日
出發地點	廣東湛江
護航兵力	船塢登陸艦「崑崙山」艦
	導彈驅逐艦「蘭州」艦
	綜合補給艦「微山湖」艦
	4 架艦載直升機和部分特戰隊員，編隊共 1000 餘人
編隊領導	指揮員　南海艦隊參謀長魏學義少將
	政治委員　南海艦隊政治部副主任林延河少將
護航成果	共完成 49 批 615 余艘中外船舶護航任務，實施解救行動 3 次。回國途中訪問沙特阿拉伯、巴林、斯里蘭卡、印尼。創造了我海軍執行護航任務以來首次指揮護航兵力登船解救被海盜劫持商船、首次實施艦艇機兵力一體護航、首次進入波斯灣訪問中東國家等多項第一。

第七批護航編隊

起止時間	2010 年 11 月 2 日-2011 年 5 月 9 日
出發地點	浙江舟山
護航兵力	導彈護衛艦「舟山」艦
	導彈護衛艦「徐州」艦
	綜合補給艦「千島湖」艦
	2 架艦載直升機以及數十名特戰隊員，編隊共 700 餘人
編隊領導	指揮員　東海艦隊副司令員張華臣少將
	政治委員　東海艦隊政治部副主任李建軍大校
護航成果	共完成 38 批 578 艘各類船舶護航任務，接護船舶 1 艘，營救遭海盜登船襲擊船舶 1 艘，解救被海盜追擊船舶 4 次 7 艘，「徐州」艦還前出地中海為撤離中國在利比亞人員船舶護航。回國途中訪問坦桑尼亞、南非、塞舌爾，停靠新加坡。創造了首次馳援千里接護遭海盜襲擊船舶、首次武力營救遭海盜登船襲擊船舶、首次為撤離我國駐海外受困人員船舶實施護航等多項新紀錄。

▍第八批護航編隊

起止時間	2011 年 2 月 21 日-2011 年 8 月 28 日
出發地點	浙江舟山
護航兵力	導彈護衛艦「溫州」艦
	導彈護衛艦「馬鞍山」艦
	綜合補給艦「千島湖」艦
	2 架艦載直升機以及 80 餘名特戰隊員，編隊共 700 餘人
編隊領導	指揮員　東海艦隊副參謀長韓小虎大校
	政治委員　舟山保障基地政治部主任周校進大校
護航成果	共完成 46 批 507 艘中外船舶護航任務，其中包括世界糧食計劃署船舶 3 艘，接護被海盜釋放船舶 1 艘，營救遭海盜登船襲擊船舶 1 艘，解救被海盜追擊船舶 7 次 7 艘，救助外國船舶 2 艘。2011 年 3 月 7 日，編隊抵達巴基斯坦卡拉奇參加「和平-11」多國海上聯合軍演。回國途中訪問卡塔爾和泰國。

第九批護航編隊

起止時間	2011 年 7 月 2 日-2011 年 12 月 24 日
出發地點	廣東湛江
護航兵力	導彈驅逐艦「武漢」艦
	導彈護衛艦「玉林」艦
	綜合補給艦「青海湖」艦
	2 架艦載直升機以及數十名特戰隊員，編隊共 800 餘人
編隊領導	指揮員　南海艦隊副參謀長管建國少將
	政治委員　海軍某潛艇基地政委杜本印少將
護航成果	共完成 41 批 280 艘中外船舶護航任務，其中護送世界糧食計劃署船舶 1 艘。2011 年 7 月 5 日至 9 日，「武漢」艦和「玉林」艦訪問文萊，並參加在文萊舉辦的第三屆國際防務展和國際艦隊檢閱等活動。回國途中訪問科威特和阿曼。

第十批護航編隊

起止時間	2011 年 11 月 2 日-2012 年 5 月 5 日
出發地點	廣東湛江
護航兵力	導彈驅逐艦「海口」艦
	導彈護衛艦「運城」艦
	綜合補給艦「青海湖」艦
	2 架艦載直升機以及數十名特戰隊員，編隊共 800 餘人
編隊領導	指揮員　南海艦隊副參謀長李士紅少將
	政治委員　海軍某驅逐艦支隊政委商亞恆大校
護航成果	共完成 40 批 240 艘中外船舶護航任務。回國途中訪問莫桑比克、泰國，停靠香港。

▌第十一批護航編隊

起止時間	2012 年 2 月 27 日-2012 年 9 月 13 日
出發地點	山東青島
護航兵力	導彈驅逐艦「青島」艦
	導彈護衛艦「煙台」艦
	綜合補給艦「微山湖」艦
	2 架艦載直升機以及數十名特戰隊員，編隊共 700 餘人
編隊領導	指揮員　北海艦隊副參謀長楊駿飛少將
	政治委員　北海艦隊政治部副主任夏克偉少將
護航成果	共完成 43 批 184 艘中外船舶護航任務。回國途中訪問烏克蘭、羅馬尼亞、土耳其、保加利亞、以色列 5 國。

第十二批護航編隊

起至時間	2012 年 7 月 3 日-2012 年 11 月 27 日
出發地點	浙江舟山
護航兵力	導彈護衛艦「常州」艦
	導彈護衛艦「益陽」艦
	綜合補給艦「千島湖」艦
	2 架艦載直升機以及數十名特戰隊員，編隊共 800 餘人
編隊領導	指揮員　東海艦隊副參謀長周煦明少將
	政治委員　海軍某驅逐艦支隊政委翟永遠大校

第十三批護航編隊

出發時間	2012 年 11 月 9 日
出發地點	廣東湛江
護航兵力	導彈驅逐艦「衡陽」艦
	導彈護衛艦「黃山」艦
	綜合補給艦「青海湖」艦
	2 架艦載直升機以及數十名特戰隊員，編隊共 800 餘人
編隊領導	指揮員　南海艦隊副參謀長李曉岩大校
	政治委員　海軍某驅逐艦支隊政委卓怡新大校

參考文獻

▍中文文獻

1. 李發新著,《亞丁灣及索馬里海域反海盜研究》,海潮出版社,2011 年 3 月。

2. 錢曉虎著,《護航亞丁灣》,解放軍出版社,2010 年 1 月。

3. 丁小煒著,《在那遙遠的亞丁灣》,上海文藝出版社,2012 年 8 月。

4. 虞章才著,《親歷首批亞丁灣護航》,世界知識出版社,2009 年 12 月。

▌英文文獻

1.「Piracy and Armed Robbery against Ships: Annual Report」, 2005-2011, ICC International Maritime Bureau.

2. International Expert Group on Piracy off the Somali Coast,「Piracy off the Somali Coast: Final Report」, Workshop Commissioned by the Special Representative to the Secretary General of the U.N. to Somalia, Ambassador Ahmedou Ould-Abdallah, November 2008.

3. Raymond Gilpin,「Counting the Costs of Somali Piracy」, Center for Sustainable Economies at United States Institute of Peace, June 2009.

4. John CK Daly,「Somalia: Pirates of the Gulf」, International Relations and Security Network, March 12, 2009.

5. Congressional Research Service,「Piracy off the Horn of Africa」, April 20, 2009.

6. Peter Chalk,「The Maritime Dimensions of International Security Terrorism, Piracy and Challenges for the United States」, RAND Corporation, 2008.

7. Ted Dagne,「Somalia Current Conditions and Prospects for a Lasting Peace」, Congressional Research Service, February 18, 2009.

8. Secretary of State Hillary Clinton,「Announcement of Counter-Piracy Initiatives」, U.S. Department of State, April 15, 2009.

9. Rawle O. King,「Ocean Piracy and Its Impacts on Insurance」,

Congressional Research Service, February 6, 2009.

10. Oil Companies International Marine Forum, 「Practical Measures to Avoid, Deter or Delay Piracy Attacks」, February 6, 2009.

11. IMO, 「Best Management Practices to Deter Piracy in the Gulf of Aden and off the Coast of Somalia」, August 2009.

12. James Jay Carafano, Richard Weitz, Martin Edwin Andersen, 「Fighting Piracy in the Gulf of Aden and Beyond」, Douglas and Sarah Allison Center for Foreign Policy Studies, June 24, 2009.

13. US National Security Council, 「Countering Piracy off the Horn of Africa: Partnership & Action Plan」, December, 2008.

14. Peter Chalk, 「Maritime Piracy: Reasons, Dangers and Solutions」, RAND, February, 2009.

15. 「United States Actions to Counter Piracy off the Horn of Africa」, U.S. Department of State Bureau of Political-Military Affairs, September 1, 2009.

16. Eva Strickmann, 「EU and NATO Efforts to Counter Piracy off Somalia」, Department of War Studies at King's College London (UK), February 2009.

新社會主義研究叢刊 AA201011

中國軍隊與海上護航行動

編　　者	李發新 等	
責任編輯	陳胤慧	
版權策畫	李煥芹	
發 行 人	陳滿銘	
總 經 理	梁錦興	
總 編 輯	陳滿銘	
副總編輯	張晏瑞	
編 輯 所	萬卷樓圖書股份有限公司	
排　　版	菩薩蠻數位文化有限公司	
印　　刷	維中科技有限公司	
封面設計	菩薩蠻數位文化有限公司	

出　　版　昌明文化有限公司

桃園市龜山區中原街 32 號

電話　(02)23216565

發　　行　萬卷樓圖書股份有限公司

臺北市羅斯福路二段 41 號 6 樓之 3

電話　(02)23216565

傳真　(02)23218698

電郵　SERVICE@WANJUAN.COM.TW

大陸經銷　廈門外圖臺灣書店有限公司

　　　電郵　JKB188@188.COM

ISBN 978-986-496-410-9

2019 年 3 月初版

定價：新臺幣 280 元

如何購買本書：

1. 轉帳購書，請透過以下帳戶

　合作金庫銀行 古亭分行

　戶名：萬卷樓圖書股份有限公司

　帳號：0877717092596

2. 網路購書，請透過萬卷樓網站

　網址 WWW.WANJUAN.COM.TW

大量購書，請直接聯繫我們，將有專人為您

服務。客服：(02)23216565 分機 610

如有缺頁、破損或裝訂錯誤，請寄回更換

國家圖書館出版品預行編目資料

中國軍隊與海上護航行動 / 李發新等編著. --
初版. -- 桃園市：昌明文化出版；臺北市：
萬卷樓發行, 2019.03
　面；　　公分
ISBN 978-986-496-410-9(平裝)

1.海軍 2.人民解放軍

597.92　　　　　　　　　　108002898